"无废城市"建设百问百答

滕婧杰　主编

王永明　赵娜娜　郑睿颖　副主编

中国环境出版集团·北京

图书在版编目（CIP）数据

"无废城市"建设百问百答 / 滕婧杰主编. -- 北京：
中国环境出版集团, 2024. 9. -- ISBN 978-7-5111-6025-
6

Ⅰ. X705-44

中国国家版本馆CIP数据核字第2024HN5326号

责任编辑　韩　睿
封面设计　彭　杉

出版发行　中国环境出版集团
　　　　　（100062　北京市东城区广渠门内大街 16 号）
　　　　　网　　址：http://www.cesp.com.cn
　　　　　电子邮箱：bjgl@cesp.com.cn
　　　　　联系电话：010-67112765（编辑管理部）
　　　　　发行热线：010-67125803，010-67113405（传真）
印　　刷　北京中献拓方科技发展有限公司
经　　销　各地新华书店
版　　次　2024 年 9 月第 1 版
印　　次　2024 年 9 月第 1 次印刷
开　　本　787×960　1/16
印　　张　7.5
字　　数　110 千字
定　　价　39.00 元

中国环境出版集团郑重承诺：
中国环境出版集团合作的印刷单位、材料单位均具有中国环境标志产品认证。

编委会名单

主　任　李文强

副主任　胡华龙

编　委　林　军　　郭琳琳

主　编　滕婧杰

副主编　王永明　　赵娜娜　　郑睿颖

编写组　祁诗月　　于　然　　赵子康　　王雪雪　　杨　阳

目　录

七、保障篇

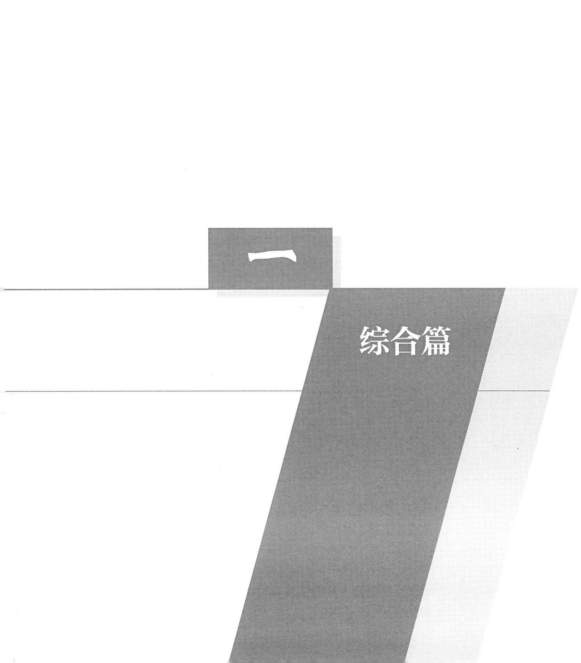

一

综合篇

1. 什么是"无废城市"?

根据国务院办公厅印发的《"无废城市"建设试点工作方案》(国办发〔2018〕128 号)(以下简称《试点工作方案》),"无废城市"是以创新、协调、绿色、开放、共享的新发展理念为引领,通过推动形成绿色发展方式和生活方式,持续推进固体废物源头减量和资源化利用,最大限度减少填埋量,将固体废物环境影响降至最低的城市发展模式。"无废城市"并不是没有固体废物产生,也不意味着固体废物能完全资源化利用,而是一种先进的城市管理理念,旨在最终实现整个城市固体废物产生量最小、资源化利用充分、处置安全的目标,需要长期探索与实践。

2. "无废城市"中的"废"指的是什么?

"无废城市"中的"废"是指固体废物。根据《中华人民共和国固体废物污染环境防治法》(以下简称《固废法》),固体废物,是指在生产、生活和其他活动中产生的丧失原有利用价值或者虽未丧失利用价值但被抛弃或放弃的固态、半固态和置于容器中的气态的物品、物质以及法律、行政法规规定纳入固体废物管理的物品、物质。

3. 开展"无废城市"建设的重要意义?

开展"无废城市"建设,是党中央、国务院作出的一项重大决策部署,关系人民群众身体健康,关系持续深入打好污染防治攻坚战,关系美丽中国建设[1,2]。

第一,开展"无废城市"建设是全面贯彻落实习近平总书记重要指示批示精神和习近平生态文明思想的具体体现。"无废城市"建设有助于引导全社会贯彻新发展理念，将"无废"理念融入固体废物治理全过程，实现固体废物治理由重点整治向系统治理的重大转变。

第二，开展"无废城市"建设是持续深入打好污染防治攻坚战、建设美丽中国的重要篇章。加强固体废物治理既是切断水、气、土污染源的重要工作，又是巩固水、气、土污染治理成效的关键环节，也是深入打好污染防治攻坚战进一步延伸深度、拓展广度的重要体现。"无废城市"建设作为固体废物领域落实美丽中国建设要求的实际行动，在加快解决固体废物污染突出问题，持续改善生态环境质量，增强民生福祉方面具有重要意义。

第三，开展"无废城市"建设是加快推动城市绿色低碳转型、实现高质量发展的有力抓手。从城市层面统筹固体废物综合治理、系统治理、源头治理、协同治理，可以在突破固体废物污染防治"瓶颈"的同时，改变粗放生产生活方式，推动形成节约资源和保护环境的空间格局、产业结构、生产方式、生活方式，厚植高质量发展的绿色底色。与此同时，开展"无废城市"建设具有较大的减污降碳协同增效潜力，对生产生活方式的绿色化、低碳化也具有重要的引领和倒逼作用。

4. "无废城市"建设是否有可以借鉴的国际经验？

1973 年，国际上首次提出了"无废"概念，指相同的物料反复使用，直到达到最佳消耗水平。1995 年，澳大利亚堪培拉颁布《无废 2010 年议案》，成为将"无废"作为官方目标的首个城市。进入 21 世纪，一些发达国家和地区纷纷提出"无废"的发展愿景。日本于 2000 年公布《循环型社会形成推动基本法》，把构建循环型社会上升为基本国策，并于 2003 年起实施《建设循环经济社会基本规划》，每 5 年为一个规划期，提出了资源生产效率、循环利用率和最终处置量 3 个指标体系，以衡量社会循环度。新加坡于 2014 年公布了《新加坡可持续蓝图 2015》，提出了迈向"无废"国家的四项基本措施和五项具体计划；并在"新加坡可持续蓝图"框架下提出了"无废"国家愿景，建立了以回收率为核心的量化目标指标体系，并对废物产生量、回收量、处理量进行了全面统计。欧盟于 2014 年发布的《迈向循环经济：欧洲无废计划》全面系统性地提出循环经济要求；2015 年通过"循环经济计划"，提出了生产、消费、废物管理、变废物为资源四大行动以及针对塑料、厨余垃圾、重要原材料、建筑垃圾和生物质废物五大优先关注领域的相关措施；2019 年通过《欧洲绿色新政》，提出了 2050 年实现气候中和目标；2020 年发布《新循环经济行动计划》，提出了制定可持续产品政策框架、优先系统构建关键产品价值链、强化废物源头防控和高值利用三大核心任务。旧金山、温哥华、斯德哥尔摩等城市纷纷提出"无废城市"建设蓝图。截至 2022 年，应对气候变化的国际联合组织——C40 城市集团（成员包括中国、美国、加拿大、英国、法国、德国、日本、韩国、澳大利亚等）中的 23 个城市签署了《迈向无废宣言》，指出未来可持续、繁荣、宜居的城市必将是无废物的城市，并承诺到 2030 年实现垃圾减量 8 700 万吨的目标。2022 年 12 月，第 77 届联合国大会通过决议，宣布每年的 3 月 30 日为"国际零废物日"，"无废"理念和实践已逐步成为国际固体废物管理趋势和共识。[3,4]

5. 我国"无废城市"建设总体进展如何？

2017 年，以杜祥琬院士为首的中国工程院院士专家建议，开展"无废城市"试点，推动固体废物资源化利用。2018 年，中央全面深化改革委员会将"无废城市"建设试点列入 2018 年改革工作任务；国务院办公厅印发《试点工作方案》。2021 年，生态环境部等 18 个部委联合印发《"十四五"时期"无废城市"建设工作方案》（环固体〔2021〕114 号）（以下简称《工作方案》）。2022 年以来，各地印发实施方案，"无废城市"全面进入推进阶段。2023 年，全国生态环境保护大会将全面推进"无废城市"建设作为持续深入打好污染防治攻坚战的重要任务进行部署，进一步明确了"无废城市"建设在生态文明建设和美丽中国建设中的战略定位，对新时代、新征程"无废城市"建设提出新任务、新要求。

6. 目前全国有哪些省份和城市正在开展"无废城市"建设？

我国"无废城市"建设由点及面、次第推进。在城市层面，从 2019—2021 年 11 个城市和 5 个特殊地区的局部试点探索，发展到 2022—2025 年 113 个城市和 8 个特殊地区的深入推开。在省级层面，重庆、天津、上海、江苏、浙江、山东、海南、江西、福建 9 个省（市）推进省级全域"无废城市"建设；河南、河北、辽宁、吉林、安徽、湖北、湖南、广东、贵州、甘肃等 10 个省份制定了全省"无废城市"建设梯次推进工作方案；河北、山东、浙江、云南等省份将"无废城市"建设纳入地方固体废物污染环境防治条例；西藏、海南、青海等 10 个省（区）将"无废城市"建设作为污染防治攻坚战、高质量发展绩效考评的重要指标。在区域层面，四川、重庆共同推进成渝地区双城经济圈"无废城市"共建，粤港澳大湾区探索建设"无废湾区"共建模式，长三角地区开展"无废城市"区域共建机制研究，东北地区四市（长春、沈阳、哈尔滨、大连）签署"无废城市"建设框架协议。

2019 年 4 月，生态环境部会同相关部门，综合考虑候选城市政府积极性、代表性、工作基础及预期成效等因素，筛选确定了深圳市、包头市、铜陵市、威海市、重庆市（主城区）、绍兴市、三亚市、许昌市、徐州市、盘锦市、西宁市 11 个城市作为"无废城市"建设试点。同时，将河北雄安新区、北京经济技术开发区、中新天津生态城、福建省光泽县、江西省瑞金市作为特例，参照"无废城市"建设试点一并推动（表 1）。

表 1   "无废城市"建设试点名单

序号	地区	建设范围/城市名单
11 个城市		
1	广东省	深圳市
2	内蒙古自治区	包头市

序号	地区	建设范围/城市名单
3	安徽省	铜陵市
4	山东省	威海市
5	重庆市	主城区
6	浙江省	绍兴市
7	海南省	三亚市
8	河南省	许昌市
9	江苏省	徐州市
10	辽宁省	盘锦市
11	青海省	西宁市
5 个特例		
1	河北省	河北雄安新区
2	北京市	北京经济技术开发区
3	天津市	中新天津生态城
4	福建省	光泽县
5	江西省	瑞金市

2022 年 4 月，生态环境部会同有关部门，根据各省份推荐情况，综合考虑城市基础条件、工作积极性和国家相关重大战略安排等因素，确定了"十四五"时期开展"无废城市"建设的城市名单，并予以公布。此外，雄安新区、兰州新区、光泽县、兰考县、昌江黎族自治县、大理市、神木市、博乐市等 8 个特殊地区参照"无废城市"建设要求一并推进（表 2）。

表 2　"十四五"时期"无废城市"建设名单

序号	地区	建设范围/城市名单
113 个城市		
1	北京市	密云区、北京经济技术开发区
2	天津市	主城区（和平区、河西区、南开区、河东区、河北区、红桥区）、东丽区、滨海高新技术产业开发区、东疆保税港区、中新天津生态城
3	上海市	静安区、长宁区、宝山区、嘉定区、松江区、青浦区、奉贤区、崇明区、中国（上海）自由贸易试验区临港新片区

序号	地区	建设范围/城市名单
4	重庆市	中心城区（渝中区、大渡口区、江北区、沙坪坝区、九龙坡区、南岸区、北碚区、渝北区、巴南区、两江新区、重庆高新技术产业开发区）
5	河北省	石家庄市、唐山市、保定市、衡水市
6	山西省	太原市、晋城市
7	内蒙古自治区	呼和浩特市、包头市、鄂尔多斯市
8	辽宁省	沈阳市、大连市、盘锦市
9	吉林省	长春市、吉林市
10	黑龙江省	哈尔滨市、大庆市、伊春市
11	江苏省	南京市、无锡市、徐州市、常州市、苏州市、淮安市、镇江市、泰州市、宿迁市
12	浙江省	杭州市、宁波市、温州市、湖州市、嘉兴市、绍兴市、金华市、衢州市、舟山市、台州市、丽水市
13	安徽省	合肥市、马鞍山市、铜陵市
14	福建省	福州市、莆田市
15	江西省	九江市、赣州市、吉安市、抚州市
16	山东省	济南市、青岛市、淄博市、东营市、济宁市、泰安市、威海市、聊城市、滨州市
17	河南省	郑州市、洛阳市、许昌市、三门峡市、南阳市
18	湖北省	武汉市、黄石市、襄阳市、宜昌市
19	湖南省	长沙市、张家界市
20	广东省	广州市、深圳市、珠海市、佛山市、惠州市、东莞市、中山市、江门市、肇庆市
21	广西壮族自治区	南宁市、柳州市、桂林市
22	海南省	海口市、三亚市
23	四川省	成都市、自贡市、泸州市、德阳市、绵阳市、乐山市、宜宾市、眉山市
24	贵州省	贵阳市、安顺市
25	云南省	昆明市、玉溪市、普洱市、西双版纳傣族自治州
26	西藏自治区	拉萨市、山南市、日喀则市
27	陕西省	西安市、咸阳市
28	甘肃省	兰州市、金昌市、天水市
29	青海省	西宁市、海西蒙古族藏族自治州、玉树藏族自治州
30	宁夏回族自治区	银川市、石嘴山市
31	新疆维吾尔自治区	乌鲁木齐市、克拉玛依市

序号	地区	建设范围/城市名单
		8个特殊地区
1	河北省	雄安新区
2	甘肃省	兰州新区
3	福建省	光泽县
4	河南省	兰考县
5	海南省	昌江黎族自治县
6	云南省	大理市
7	陕西省	神木市
8	新疆维吾尔自治区	博乐市

7. "无废城市"建设目标是什么？

根据《工作方案》，"十四五"时期"无废城市"建设工作目标为推动100个左右地级及以上城市开展"无废城市"建设，到2025年，"无废城市"固体废物产生强度较快下降，综合利用水平显著提升，无害化处置能力有效保障，减污降碳协同增效作用充分发挥，基本实现固体废物管理信息"一张网"，"无废"理念得到广泛认同，固体废物治理体系和治理能力得到明显提升。

8. "无废城市"建设四大体系是指什么？

根据《"无废城市"建设指标体系》（2021年版）[作为《工作方案》附件印发，以下简称《指标体系（2021年版）》]。四大体系是指制度体系、市场体系、技术体系和监管体系。制度体系建设主要包括地方性法规、政策性文件及有关规划制定，"无废城市"建设协调机制，"无废城市"建设成效纳入政绩考核情况，以及"无废城市细胞"建设等内容。市场体系建设包括"无废城市"建设经济措施、金融工具应用、骨干企业培育等。技术体系建设包括工业固体废物、农业固体废物、生活垃圾、建筑垃圾、危险废物等主要类别固体废物的减量化、资源化、无害化技术标准规范及技术示范等。监管体系建设包括固体废物监管能力建设、信息化管理系统建设等。

9. "十四五"时期"无废城市"建设的主要任务是什么？

根据《工作方案》，"无废城市"建设主要明确了 7 个方面的任务：一是科学编制实施方案，强化顶层设计引领。重点是加强规划衔接，建立评估考核制度，强化基础设施保障。二是加快工业绿色低碳发展，降低工业固体废物处置压力。重点是结合工业领域减污降碳要求，加快探索重点行业工业固体废物减量化和"无废矿区""无废园区""无废工厂"建设的路径模式。三是促进农业农村绿色低碳发展，提升主要农业固体废物综合利用水平。重点是发展生态种植、生态养殖，建立农业循环经济发展模式，促进畜禽粪污、秸秆、农膜、农药包装物回收利用。四是推动形成绿色低碳生活方式，促进生活源固体废物减量化、资源化。重点是大力倡导"无废"理念，深入开展垃圾分类，加快构建废旧物资循环利用体系，推进塑料污染全链条治理，推进市政污泥源头减量和资源化利用。五是加强全过程管理，推进建筑垃圾综合利用。重点是大力发展节能低碳建筑，全面推广绿色低碳建材，推动建筑材料循环利用。六是强化监管和利用处置能力，切实防控危险废物环境风险。重点是实施危险废物规范化管理、探索风险可控的利用方式、提升集中处置基础保障能力。七是加强制度、技术、市场和监管体系建设，全面提升保障能力。重点是完善部门责任清单、统计、信息披露等制度；加强先进技术的研发应用和标准制定；完善市场化机制；强化信息化、排污许可等管理措施。

10. "无废城市"建设指标体系包括哪些内容？

根据《指标体系（2021 年版）》，"无废城市"建设指标体系由 5 个一级指标、

17 个二级指标和 58 个三级指标组成。一级指标主要包括固体废物源头减量、资源化利用、最终处置、保障能力、群众获得感等 5 个方面。二级指标主要覆盖工业、农业、建筑业、生活领域固体废物的减量化、资源化、无害化，以及制度、技术、市场、监管体系建设与群众获得感等 17 个方面。三级指标是对一级指标和二级指标的具体细化和量化，划分为两类：第Ⅰ类为必选指标，共 25 项，是各地开展"无废城市"建设均需落实的约束性指标。第Ⅱ类为可选指标，共 33 项，是各地依据城市类型、特点及任务安排进行选择的指标。

11. 城市如何建立部门齐抓共管、协同增效的"无废城市"建设工作推进机制？

建立工作领导机制及定期调度、工作简报等推进机制可有效保障"无废城市"建设稳步开展。具体内容包括：一是建立工作领导机制，成立以党委、政府负责同志为组长的"无废城市"建设领导小组，建立横向到边、纵向到底的协调联动机制，形成工作合力。二是建立工作落实机制，成立工作专班，建立并落实专班各成员单位共同参与的组织协调机制，制订年度工作计划或工作要点，建立工作简报、工作会议等定期工作调度机制。三是建立健全固体废物污染防治目标责任制和考核评价制度，将"无废城市"建设纳入生态文明、高质量发展、污染防治攻坚战或主要干部离任审计等对党委、政府及领导干部考核评价内容。四是加强宣传引导，广泛发动群众，形成全民参与、共建共享的良好氛围[5]。

12. 为什么说固体废物污染防治"一头连着减污，一头连着降碳"？

开展"无废城市"建设是推动减污降碳的重要举措。通过"无废城市"建设，实现材料和产品的循环利用以节约能源，可有效减少原材料和产品在开采、制造、运输、分配和处置过程中的碳排放，具有提升资源利用效率、减少固体废物污染和碳减排的协同倍增效应。据国家发展改革委发布数据，2021 年我国大宗固体废物综合利用率已达 56.8%，减少二氧化碳排放超 8.9 亿吨。

各地通过"无废城市"建设积极开展减污降碳协同创新试点，取得显著成效。浙江省杭州市在"无废"亚运建设期间充分发挥减污降碳协同增效作用，场馆施工阶段，优先使用绿色建材、建筑垃圾绿色处理、推进固体废物源头减量和资源化利用；在赛事阶段，推行绿色住宿、节俭餐饮、无纸办赛，推广可再生材料，强化资源回收利用。浙江省金华市绿色低碳循环产业园将生活垃圾处理及传统造纸、印染产业废弃物处置与能源供给需求相耦合，形成了固体废物—废水—废气协同处置和资源综合利用的"双循环"发展模式，经估算，每年可减少约 136 万吨二氧化碳排放。江苏省无锡市建设"碳时尚"App，开发低碳出行、废弃物回收、绿色餐饮、线上缴费等减废低碳场景，对参与的公众给予积分奖励，引入碳普惠绿色金融产品，对积极参与低废低碳行为的个人开放低利率银行信贷产品，有效盘活个人碳资产。截至 2022 年年底，二氧化碳减排量累计 1 487 吨。

13. 美丽中国建设在固体废物领域的目标是什么？

《中共中央　国务院关于全面推进美丽中国建设的意见》提出强化固体废物和新污染物治理。加快"无废城市"建设，持续推进新污染物治理行动，推动实现城乡"无废"、环境健康。加强固体废物综合治理，限制商品过度包装，全链条治理塑料污染。深化全面禁止"洋垃圾"入境工作，严防各种形式固体废物走私和变相进口。强化危险废物监管和利用处置能力，以长江经济带、黄河流域等为重点加强尾矿库污染治理。制定有毒有害化学物质环境风险管理法规。力争到 2027 年，"无废城市"建设比例达到 60%，固体废物产生强度明显下降；到 2035 年，"无废城市"建设实现全覆盖，东部省份率先全域建成"无废城市"，新污染物环境风险得到有效管控。

14. "国际零废物日"是哪天？宗旨是什么？

2022 年 12 月 14 日，第 77 届联合国大会通过决议，宣布每年的 3 月 30 日为"国际零废物日"。"国际零废物日"旨在促进可持续消费和生产模式，支持社会向循环经济转变，并提高人们对"无废"倡议如何有助于推进《2030 年可持续发展议程》的认识。

15. 什么是"无废城市细胞"？

根据《指标体系（2021 年版）》，"开展'无废城市细胞'建设的单位数量（机关、企事业单位、饭店、商场、集贸市场、社区、村镇）"为 58 个三级指标之一。"无废城市细胞"是指按照"无废城市"建设要求开展固体废物源头减量和资源化利用工作的机关、企事业单位、饭店、商场、集贸市场、社区、村镇等单位（含开展绿色工厂、绿色矿山、绿色园区、绿色商场等绿色创建工作的单位），是贯彻落实"无废城市"建设理念、体现工作成效的重要载体。通过多种类"无废城市细胞"的创建，有助于宣传"无废"文化，帮助公众充分认识"无废城市"建设的重要意义，推动实现绿色生活和绿色生产方式。

16. "无废城市细胞"建设要点是什么？

各地以机关、企业、学校等为对象，因地制宜开展各类"无废城市细胞"建设工作。浙江、江苏等地出台省、市级"无废城市细胞"建设方案、指南、规范、标准、办法等，全国累计建设 2 万余个"无废城市细胞"。"无废城市细胞"建设要点主要包括以下几个方面：

一是将"无废城市细胞"建设作为实现绿色低碳生活方式的重要途径。如统筹推进"无废机关""无废社区""无废饭店""无废商超""无废学校""无废医院"

等生活领域"无废城市细胞"建设，充分发挥"无废城市细胞"示范引领作用，大力倡导"无废"理念，引导公众转变传统观念，以点带面，推动形成简约适度、绿色低碳、文明健康的生活方式和消费模式。

二是将"无废城市细胞"建设与工业绿色低碳发展相结合。如结合绿色工厂建设，推动优质企业建设"无废工厂"，采用先进适用的清洁生产工艺技术和高效末端治理装备，建立资源回收循环利用机制，推动研发设计、原材料供应、再生材料使用、加工制造和产品销售等全流程的绿色化。

三是将"无废城市细胞"建设与绿色矿山、绿色开采相结合。如严格落实绿色矿山建设要求和标准，采取科学的开采方法和选矿工艺，减少尾矿、废石等大宗固体废物的产生量和贮存量，提高矿产资源开采回采率、选矿回收率和综合利用率；鼓励尾矿、共伴生矿填充采空区、治理塌陷区，推动实现尾矿就地消纳，实现"绿色矿山"与"无废矿区"同步建设。

四是将"无废城市细胞"建设与"无废旅游"相结合。如建立"无废机场""无废景区""无废酒店""无废岛屿"等旅游行业标准体系，发挥示范引领作用，推动景区固体废物源头减量、资源化利用。

五是将"无废城市细胞"建设与美丽乡村相结合。如结合农村生活垃圾治理及分类、农村人居环境整治、乡村生态旅游、农业固体废物治理等重点工作，开展多样化"无废乡村""无废农场"建设。

17. 什么是"无废集团"？

"无废集团"是"无废城市"理念的扩展和延伸，与"无废城市"的概念一脉相承。"无废集团"并不是指集团企业不产生固体废物和危险废物，也不意味着所有产生的固体废物和危险废物能完全资源化利用，而是一种先进的、创新的、灵活的企业绿色管理理念和实践。通过开展"无废集团"建设，有利于推动以集团化企业为整体的固体废物产生量最小化、资源化利用充分化、最终处置规范化，通过示范集团企业的绿色转型，以点带面引领整个行业实现绿色可持续发展。2022 年 4 月，生态环境部复函同意中国石油化工集团有限公司开展"无废集团"建设试点工作，这是国内首个经生态环境部同意开展的"无废集团"建设试点。2024 年 3 月，生态环境部复函同意国家能源投资集团有限责任公司、中国宝武钢铁集团有限公司和中国中化控股有限责任公司开展"无废集团"建设试点工作，同意中国石油化工集团有限公司"无废集团"建设试点工作第二批适用支持企业名单等有关事项。

18. 公众如何参与"无废城市"建设？

公众满意度是"无废城市"建设重要指标之一，是检验"无废城市"建设工作成效的试金石。开展公众满意度调查，有助于全面了解公众对"无废城市"建设工作的满意程度，激发公众参与"无废城市"建设的热情，传播"无废"理念。

公众可以通过以下方式参与"无废城市"建设：一是通过电视、广播、网络、客户端等方式，积极参加对党政机关、学校、企事业单位、社会公众等开展的宣传教育培训等，参观向公众开放的城市固体废物利用处置基础设施等，加深对"无废城市"建设的了解程度。二是通过参加生活垃圾分类、减少一次性塑料制品使用、餐饮光盘行动、电池回收利用、旧衣物回收或者再利用、二手商品交易、"无废城市细胞"建设活动、环保设施向公众开放等活动，直接参与"无废城市"建设。三是通过公众满意度调查，直接反馈对所在城市工业固体废物、生活垃圾、建筑垃圾、农业固体废物、危险废物等固体废物治理效果的满意程度。

19. 如何开展"无废城市"公众满意度调查？

开展公众满意度调查，应坚持可操作性、科学性、公正性原则，由开展"无废城市"建设城市和地区人民政府（管委会）指定统计部门或其他相关部门，或委托第三方专业机构组织实施，面向本行政区域内城乡常住居民，对公众知晓度、参与度、满意度三方面实施调查。调查步骤主要包括以下内容：

（1）调查实施前，制定调查方案，明确调查目的、调查内容、调查对象及范围、调查方式、组织方式、数据发布等。根据统计学原理，制定抽样方案，科学确定调查样本量和抽样方法。

（2）调查过程中，可参照《市场、民意和社会调查（包括洞察与数据分析）术语和服务要求》（GB/T 26316—2023）关于数据收集的要求，做好全流程、各环节质量控制，确保数据填写的完整性和真实性。按时回收、复核问卷，如发现数据质量问题，及时组织重新抽样、更替样品，保证在计划时间内完成数据调查。

（3）调查完成后，对样本数据进行清洗处理，统计分析数据结果，编制公众满意度调查报告。报告内容包括但不限于：调查时间、范围和过程，调查结果分析，客观指出"无废城市"建设工作中存在的问题，对存在的问题提出合理的改进建议。

20. 我国第一部"无废城市"建设地方法规是哪个城市制定的？

2024年3月27日举行的上海市十六届人大常委会第十二次会议表决通过了《上海市无废城市建设条例》（以下简称《条例》），自2024年6月5日起施行。这是全国首部"无废城市"建设地方立法。《条例》共6章55条，以全生命周期管理为核心理念，强调预防为主，旨在推动城市固体废物减量化、资源化和无害化，打造具有上海特色的"无废城市"新模式。同时，《条例》进一步细化了各个领域的具体要求，旨在通过强制性与引导性相结合的方式，实现面上整体推进和点上重点突破。

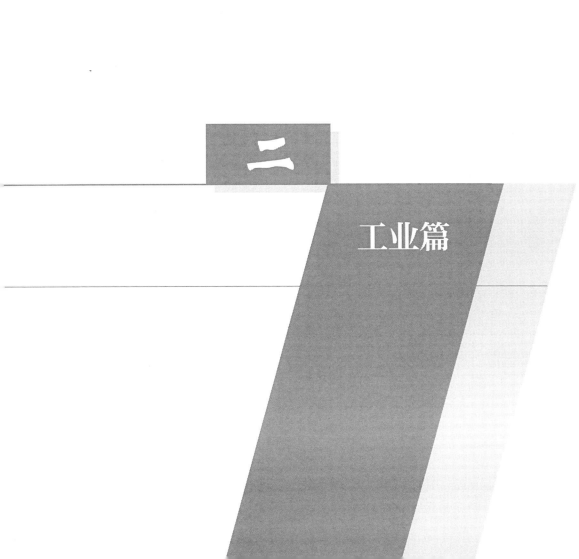

二

工业篇

21. 什么是工业固体废物？工业固体废物包括哪些种类？

根据《固废法》，工业固体废物是指在工业生产活动中产生的固体废物。

根据《固体废物分类与代码目录》（生态环境部公告 2024 年第 4 号），工业固体废物按照产生源和物质属性可以分为冶炼废渣（SW01）、粉煤灰（SW02）、炉渣（SW03）、煤矸石（SW04）、尾矿（SW05）、脱硫石膏（SW06）、污泥（SW07）、赤泥（SW09）、磷石膏（SW10）、其他工业副产石膏（SW11）、钻井岩屑（SW12）、食品残渣（SW13）、纺织皮革业废物（SW14）、造纸印刷业废物（SW15）、化工废物（SW16）、可再生类废物（SW17）、其他工业固体废物（SW59）等 17 种二级分类，烧结烟尘灰、高炉渣等 180 余种三级分类。

22. 工业领域"无废城市"建设主要指标有哪些？

根据《指标体系（2021 年版）》，工业领域"无废城市"建设主要指标包括一般工业固体废物产生强度，通过清洁生产审核评估工业企业占比，绿色矿山建成率，一般工业固体废物综合利用率，一般工业固体废物贮存处置量下降幅度，开展绿色工厂建设的企业占比，开展生态工业园区建设、循环化改造、绿色园区建设的工业园区占比，城市重点行业工业企业碳排放强度降低幅度，完成大宗工业固体废物堆存场所（含尾矿库）综合整治的堆场数量占比等 9 项。其中一般工业固体废物产生强度、通过清洁生产审核评估工业企业占比、绿色矿山建成率、一般工业固体废物综合利用率和一般工业固体废物贮存处置量下降幅度 5 项为必选指标。

23. 工业领域"无废城市"建设主要任务是什么？

根据《工作方案》，"无废城市"建设在工业领域的主要任务是加快工业绿色低碳发展，降低工业固体废物处置压力。具体内容为以"三线一单"为抓手，严控高耗能、高排放项目盲目发展，大力发展绿色低碳产业，推行产品绿色设计，构建绿色供应链，实现源头减量。结合工业领域减污降碳要求，加快探索钢铁、有色、化工、建材等重点行业工业固体废物减量化路径，全面推行清洁生产。全面推进绿色矿山、"无废"矿区建设，推广尾矿等大宗工业固体废物环境友好型井下充填回填，减少尾矿库贮存量。推动大宗工业固体废物在提取有价组分、生产建材、筑路、生态修复、土壤治理等领域的规模化利用。以锰渣、赤泥、废盐等难利用冶炼渣、化工渣为重点，加强贮存处置环节环境管理，推动建设符合国家有关标准的贮存处置设施。支持金属冶炼、造纸、汽车制造等龙头企业与再生资源回收加工企业合作，建设一体化废钢铁、废有色金属、废纸等绿色分拣加工配送中心和废旧动力电池回收中心。加快绿色园区建设，推动园区企业内、企业间和产业间物料闭路循环，实现固体废物循环利用。推动利用水泥窑、燃煤锅炉等协同处置固体废物。开展历史遗留固体废物排查、分类整治，加快解决历史遗留问题。

24. 绿色制造体系建设包括哪些内容？

2016 年 9 月，工业和信息化部办公厅印发《关于开展绿色制造体系建设的通知》（工信厅节函〔2016〕586 号），明确绿色制造体系的建设内容包括绿色工厂、绿色产品、绿色园区、绿色供应链。《绿色工厂评价要求》《绿色园区评价要求》《绿色供应链管理评价要求》作为通知附件印发。

绿色工厂属于绿色制造体系的核心支撑单元，侧重于生产过程的绿色化。通过采用绿色建筑技术建设改造厂房，预留可再生能源应用场所和设计负荷，合理布局厂区内能量流、物质流路径，推广绿色设计和绿色采购，开发生产绿色产品，采用先进适用的清洁生产工艺技术和高效末端治理装备，淘汰落后设备，建立资源回收循环利用机制，推动用能结构优化，实现工厂的绿色发展。《绿色工厂评价要求》建立了涵盖基本要求和预期性要求的 7 个一级指标和 26 个二级指标，并从基础设施、管理体系、能源与资源投入、产品评价指标、环境排放等方面提出了绿色工厂创建的一般性内容。截至 2024 年 5 月，用于国家层面绿色工厂创建的标准清单共 116 项，涵盖钢铁、有色金属、稀土、化工、建材、轻工、纺织、电子、船舶、汽车、通信等 11 个行业。

绿色园区是突出绿色理念和要求的生产企业和基础设施集聚的平台，侧重于园区内工厂之间的统筹管理和协同链接。推动园区绿色化，要在园区规划、空间布局、产业链设计、能源利用、资源利用、基础设施、生态环境、运行管理等方面贯彻资源节约和环境友好理念，从而实现具备布局集聚化、结构绿色化、链接生态化等特色的绿色园区。《绿色园区评价要求》的评价指标体系包括能源利用绿色化、资源利用绿色化、基础设施绿色化、产业绿色化、生态环境绿色化、运行管理绿色化等 6 个方面指标。

绿色产品是以绿色制造实现供给侧结构性改革的最终体现，侧重于产品全生命周期的绿色化。按照全生命周期的理念，在产品设计开发阶段系统考虑原材料选用、生产、销售、使用、回收、处理等各个环节对资源环境造成的影响，实现产品对能源资源消耗最低化、生态环境影响最小化、可再生率最大化。《生态设计产品评价通则》（GB/T 32161—2015）提供了绿色产品的通用评价方法，规定采用指标评价和生命周期评价相结合的方法，具体评价要求见《生态设计产品评价规范》（GB/T 32163—2015）系列国家标准。

绿色供应链是绿色制造理论与供应链管理技术结合的产物，侧重于供应链节点上企业的协调与协作。打造绿色供应链，企业要建立以资源节约、环境友好为导向的采购、生产、营销、回收及物流体系，推动上下游企业共同提升资源利用效率，改善环境绩效，达到资源利用高效化、环境影响最小化、供应链上企业绿色化的目标。《绿色供应链管理评价要求》提出了绿色供应链管理战略、绿色供应商管理、绿色生产、绿色回收、绿色信息平台建设、绿色信息披露等 6 个方面指标。

2017—2020 年，我国公布了五批绿色制造示范名单，2021—2023 年每年公布年度绿色制造名单。目前已累计公布 5 145 家绿色工厂、3 802 个绿色设计产品、375 家绿色工业园区和 613 家绿色供应链管理企业。同时，《工业和信息化部办公厅关于公布 2023 年度绿色制造名单及试点推行"企业绿码"有关事项的通知》中，将前七批绿色制造名单中的 9 家绿色工厂、3 家绿色供应链管理企业移出绿色制造名单。

25. 什么是再制造？国家出台了哪些再制造产业相关政策制度？

根据《关于推进再制造产业发展的意见》（发改环资〔2010〕991 号），再制造是指将废旧汽车零部件、工程机械、机床等进行专业化修复的批量化生产过程，再制造产品达到与原有新品相同的质量和性能。再制造是循环经济"再利用"的高级形式。

《中华人民共和国循环经济促进法》第四十条提出，国家支持企业开展机动车零部件、工程机械、机床等产品的再制造和轮胎翻新。销售的再制造产品和翻新产品的质量必须符合国家规定的标准，并在显著位置标识为再制造产品或者翻新产品。为再制造产业的发展提供了法律基础和保障。

为推动再制造产业健康有序发展，国家发展改革委、科技部、工业和信息化部等相关部门近年来相继印发《关于推进再制造产业发展的意见》（发改环资〔2010〕991 号）、《再制造产品认定实施指南》（工信厅节〔2010〕192 号）、《再制造产品认定管理暂行办法》（工信部节〔2010〕303 号），明确了再制造产业发展的方向和目标，提出了推动再制造产业发展的具体措施；发布《汽车零部件再制造规范管理暂行办法》（发改环资规〔2021〕528 号）、《机电产品再制造行业规范条件》（工信部公告 2023 年第 37 号），为保障汽车零部件和机电产品的再制造产品质量提供依据。2024 年，《国务院办公厅关于加快构建废弃物循环利用体系的意见》（国办发〔2024〕7 号）提出促进废旧装备再制造。推进汽车零部件、工程机械、机床、文化办公设备等传统领域再制造产业发展，探索在盾构机、航空发动机、工业机器人等新领域有序开展高端装备再制造。推广应用无损检测、增材制造、柔性加工等再制造共性关键技术。在履行告知消费者义务并征得消费者同意的前提下，鼓励汽车零部件再制造产品在售后维修等领域应用。《推动大规模设备更新和消费品以旧换新行动方案》（以下简称《行动方案》）提出有序推进再制造和梯次利用。鼓励对具备条件的废旧生产设备实施再制造，再制造产品设备质量特性和安全环保性能应不低于原型新品。深入推进汽车零部件、工程机械、机床等传统设备再制造，探索在风电光伏、航空等新兴领域开展高端装备再制造业务。加快风电光伏、动力电池等产品设备残余寿命评估技术研发，有序推进产品设备及关键部件梯次利用。

26. 国家推动大规模设备更新和消费品以旧换新，对回收循环利用有什么新要求？

推进大规模设备更新和消费品以旧换新，是党中央着眼于我国高质量发展大局作出的重大决策，可切实增强经济活力、增加先进产能，有利于促进投资和消费。为推进大规模设备更新和消费品以旧换新工作，国家部署了"1+N"政策体系，其中"1"是指国务院审议并通过的《行动方案》，"N"是指各个领域的具体实施方案，具体为市场监管总局等 7 部门联合印发的《以标准提升牵引设备更新和消费品以旧换新行动方案》（国市监标技发〔2024〕34 号），工信部等 7 部门联合印发的《推动工业领域设备更新实施方案》（工信部联规〔2024〕53 号），住建部印发的《推进建筑和市政基础设施设备更新工作实施方案》（建城规〔2024〕2 号），商务部等 14 部门联合印发的《推动消费品以旧换新行动方案》（商消费发〔2024〕58 号）等。

《行动方案》提出具体目标为：到 2027 年，工业、农业、建筑、交通、教育、文旅、医疗等领域设备投资规模较 2023 年增长 25%以上；重点行业主要用能设备能效基本达到节能水平，环保绩效达到 A 级水平的产能比例大幅提升，规模以上工业企业数字化研发设计工具普及率、关键工序数控化率分别超过 90%、75%；报废汽车回收量较 2023 年增加约一倍，二手车交易量较 2023 年增长 45%，废旧家电回收量较 2023 年增长 30%，再生材料在资源供给中的占比进一步提升。根据《行动方案》提出实施回收循环利用行动，具体做法如下：一是畅通回收渠道。加快发展"换新+回收"物流体系和新模式，鼓励电商平台、生产企业落实生产者责任延伸制，上门回收废旧消费品。进一步完善再生资源回收网络，力争全年推动全国大中城市新增标准化规范化回收站点 2 000 个，其中供销系统 1 000 个，而且要建设绿色分拣中心 200 个，这都是非常具体的行动。二是支持二手商品流通交易。持续优化二手车交易登记管理，促进便利交易。推动二手电子产品交易规范化。推动二手商品交易平台企业建立健全平台内经销企业、用户的评价机制，加强对信用记录、违法失信行为等信息共享。三是提高资源化利用水平。鼓励对具备条件的废旧生产设备实施再制造，有序推进产品设备及关键部件梯次利用。提升废有色金属利用、稀贵金属提取等技术水平。推动再生资源加工利用企业集聚化、规模化发展，建设一批废钢铁、废有色金属等再生资源精深加工产业集群，2024 年资源循环利用产业产值有望突破 4 万亿元。

27. 为引导再生资源加工利用行业高质量发展，国家出台了哪些行业规范条件？

为推动废钢铁、废塑料、废旧轮胎、废纸、新能源汽车废旧动力蓄电池、铜和铝等再生资源综合利用工作，规范加工行业生产经营行为，提高资源综合利用技术和管理水平，工业和信息化主管部门起草了以下行业规范条件：

（1）《废钢铁加工行业准入条件》（工信部公告 2012 年第 47 号）；

（2）《废塑料综合利用行业规范条件》《废塑料综合利用行业规范条件公告管理暂行办法》（工信部公告 2015 年第 81 号）；

（3）《废旧轮胎综合利用行业规范条件（2020 年本）》《废旧轮胎综合利用行业规范公告管理暂行办法（2020 年本）》（工信部公告 2020 年第 21 号）；

（4）《废纸加工行业规范条件》（工信部公告 2021 年第 38 号）；

（5）《新能源汽车废旧动力蓄电池综合利用行业规范条件》《新能源汽车废旧动力蓄电池综合利用行业规范公告管理暂行办法》（工信部公告 2016 年第 6 号）；

（6）《废铜铝加工利用行业规范条件》（工信部公告 2023 年第 36 号）。

28. 什么是绿色矿山？

根据自然资源部发布的《非金属矿行业绿色矿山建设规范》（DZ/T 0312）等 9 项推荐性行业标准，绿色矿山是指在矿产资源开发全过程中，实施科学有序的开采，对矿区及周边生态环境扰动控制在可控制范围内，实现环境生态化、开采方式科学化、资源利用高效化、企业管理规范化和矿区社区和谐化的矿山。

根据《指标体系（2021 年版）》，"无废城市"建设相关指标包括绿色矿山建成率。绿色矿山建成率是指城市新建、在产矿山中完成绿色矿山建设的矿山数量占比。绿色矿山指纳入全国、省级绿色矿山名录的矿山。该指标用于促进降低矿产资源开采过程固体废物产生量和环境影响，提升资源综合利用水平，加快矿业转型与绿色发展。计算方法：

绿色矿山建成率（%）=完成绿色矿山建设的矿山数量÷矿山总数量×100%

29. 什么是清洁生产？哪些企业需要开展强制性清洁生产审核？

根据《中华人民共和国清洁生产促进法》，清洁生产是指不断采取改进设计、使用清洁的能源和原料、采用先进的工艺技术与设备、改善管理、综合利用等措施，从源头削减污染，提高资源利用效率，减少或者避免生产、服务和产品使用过程中污染物的产生和排放，以减轻或者消除对人类健康和环境的危害。根据《中华人民共和国清洁生产促进法》第二十七条，有下列情形之一的企业，应当实施强制性清洁生产审核：污染物排放超过国家或者地方规定的排放标准，或者虽未超过国家或者地方规定的排放标准，但超过重点污染物排放总量控制指标的；超过单位产品能源消耗限额标准构成高耗能的；使用有毒、有害原料进行生产或者在生产中排放有毒、有害物质的。

30. 什么是园区循环化改造？国家对开展园区循环化改造有什么要求？

根据《国家发展改革委　财政部关于推进园区循环化改造的意见》，推进园区循环化改造，就是推进现有的各类园区（包括经济技术开发区、高新技术产业开发区、保税区、出口加工区以及各类专业园区等）按照循环经济减量化、再利用、资源化，减量化优先原则，优化空间布局，调整产业结构，突破循环经济关键链接技术，合理延伸产业链并循环链接，搭建基础设施和公共服务平台，创新组织形式和管理机制，实现园区资源高效、循环利用和废物"零排放"，不断增强园区可持续发展能力。

根据《国家发展改革委办公厅　工业和信息化部办公厅关于做好"十四五"园区循环化改造工作有关事项的通知》，"十四五"园区循环化改造工作目标是到2025年年底，具备条件的省级以上园区（包括经济技术开发区、高新技术产业开发区、出口加工区等各类产业园区）全部实施循环化改造，显著提升园区绿色低碳循环发展水平。通过循环化改造，实现园区的能源、水、土地等资源利用效率大幅提升，二氧化碳、固体废物、废水、主要大气污染物排放量大幅降低。主要任务包括优化产业空间布局、促进产业循环链接、推动节能降碳、推进资源高效利用和综合利用、加强污染集中治理。

31. 什么是生态工业园区?

根据《国家生态工业示范园区管理办法》(环发〔2015〕167 号),生态工业是指综合运用技术、经济和管理等措施,将生产过程中剩余和产生的能量和物料,传递给其他生产过程使用,形成企业内或企业间的能量和物料高效传输与利用的协作链网,从而在总体上提高整个生产过程的资源和能源利用效率、降低废物和污染物产生量的工业生产组织方式和发展模式。国家生态工业示范园区是指依据循环经济理念、工业生态学原理和清洁生产要求,符合《国家生态工业示范园区标准》和其他相关要求,并按规定程序通过审查,被授予相应称号的新型工业园区。

2015 年,环境保护部印发《国家生态工业示范园区标准》(HJ 274—2015),并会同科技部、商务部制定《国家生态工业示范园区管理办法》,2017 年共同组织开展了全面清理工作并公布苏州工业园区等 48 家批准为国家生态工业示范园区的园区名单和 45 家批准开展国家生态工业示范园区建设的园区名单。2022 年起纳入生态文明建设示范区(生态工业园区)相关工作中,并于 2023 年公布《生态文明建设示范区(生态工业园区)管理办法(征求意见稿)》。截至 2023 年 9 月,全国共命名 79 个国家生态工业示范园区。

32. 国家对一般工业固体废物管理台账有什么要求?

《固废法》第三十六条规定,产生工业固体废物的单位应当建立健全工业固体废物产生、收集、贮存、运输、利用、处置全过程的污染环境防治责任制度,建立工业固体废物管理台账,如实记录产生工业固体废物的种类、数量、流向、贮存、利用、处置等信息,实现工业固体废物可追溯、可查询,并采取防治工业固体废物污染环境的措施。

根据《一般工业固体废物管理台账制定指南(试行)》(生态环境部公告 2021 年第 82 号),产废单位在制定台账前需分析一般工业固体废物产生情况、明确负责人及相关设施和场地、确定接受委托的利用处置单位。台账的管理要求如下：①一般工业固体废物管理台账实施分级管理，对于固体废物基础信息及流向信息，所有产废单位均应当填写。②固体废物在产废单位内部的贮存、利用、处置等信息，根据地方及企业管理需要填写。③产废单位填写台账记录表时，应当根据自身固体废物产生情况，从《一般工业固体废物管理台账制定指南（试行）》附表8中选择对应的固体废物种类和代码，并确定固体废物的具体名称。④鼓励产废单位采用国家建立的一般工业固体废物管理电子台账，简化数据填写、台账管理等工作。地方和企业自行建立的电子台账要实现与国家系统对接。⑤台账记录表各表单的负责人对记录信息的真实性、完整性和规范性负责。⑥产废单位应当设立专人负责台账的管理与归档，一般工业固体废物管理台账保存期限不少于5年。⑦鼓励有条件的产废单位在固体废物产生场所、贮存场所及磅秤位置等关键点位设置视频监控，提高台账记录信息的准确性。

33. 国家对开展工业固体废物排污许可有什么要求？

《固废法》第三十九条规定，产生工业固体废物的单位应当取得排污许可证。排污许可的具体办法和实施步骤由国务院规定。产生工业固体废物的单位应当向所在地生态环境主管部门提供工业固体废物的种类、数量、流向、贮存、利用、处置等有关资料，以及减少工业固体废物产生、促进综合利用的具体措施，并执行排污许可管理制度的相关规定。为规范工业固体废物纳入排污许可工作，生态环境部发布了《排污许可证申请与核发技术规范 工业固体废物（试行）》（HJ 1200—2021）、《关于开展工业固体废物排污许可管理工作的通知》（环办环评〔2021〕26号）等文件，明确以下相关要求：

（1）实施范围为按照《固定污染源排污许可分类管理名录》应申请取得排污许可证的工业固体废物产生单位。

（2）2022年1月1日后首次申请排污许可证的产生单位，应当按照《排污许可证申请与核发技术规范　工业固体废物（试行）》（HJ 1200—2021）申领排污许可证，核发的排污许可证中一并载明一般工业固体废物环境管理要求；2022 年 1 月 1 日前已经申请取得排污许可证的产生单位，在排污许可证有效期内无须单独申请变更或重新申请排污许可证，待排污许可证有效期届满或由于其他原因需要重新申请、变更时，按照《排污许可证申请与核发技术规范　工业固体废物（试行）》（HJ 1200—2021）在排污许可证中增加一般工业固体废物环境管理要求。

（3）应当建立环境管理台账制度，如实记录一般工业固体废物环境管理台账。

（4）应当按照排污许可证规定的内容、频次和时间要求提交执行报告，并根据一般工业固体废物环境管理台账，在执行报告中如实说明一般工业固体废物产生、贮存、利用、处置等信息，一般工业固体废物自行贮存/利用/处置设施合规情况，以及减少一般工业固体废物产生、促进综合利用的具体措施。

（5）按照排污许可证规定，如实在全国排污许可证管理信息平台上公开工业固体废物产生、贮存、利用、处置等信息。

34. 什么是工业固体废物落后生产工艺限期淘汰名录？

《固废法》第三十三条规定，国家对限期淘汰的工艺和设备实行名录制度，国务院工业和信息化主管部门应当会同国务院有关部门公布限期淘汰产生严重污染环境的工业固体废物的落后生产工艺、设备的名录。2021 年，工业和信息化部制定《限期淘汰产生严重污染环境的工业固体废物的落后生产工艺设备名录》（工信部公告 2021 年第 25 号），针对石化化工、钢铁、有色金属、黄金、医药、机械、船舶、轻工等 8 个行业提出 38 项限期淘汰的落后生产工艺设备。

35. 一般工业固体废物贮存和填埋执行什么标准？

一般工业固体废物贮存和填埋执行生态环境部发布的《一般工业固体废物贮存和填埋污染控制标准》（GB 18599—2020）。该标准规定了一般工业固体废物贮存场、填埋场的选址、建设、运行、封场、土地复垦等过程的环境保护要求，替代贮存、填埋处置的一般工业固体废物充填及回填利用环境保护要求，以及监测要求和实施与监督等内容。采用库房、包装工具（罐、桶、包装袋等）贮存一般工业固体废物过程的污染控制，不适用《一般工业固体废物贮存和填埋污染控制标准》（GB 18599—2020）标准，其贮存过程应满足相应防渗漏、防雨淋、防扬尘等环境保护要求。

36. 将一般工业固体废物用于充填及回填需要注意什么？

根据《一般工业固体废物贮存和填埋污染控制标准》（GB 18599—2020），充填及回填利用需注意以下内容。

（1）第Ⅰ类一般工业固体废物可按下列途径进行充填或回填作业：

①粉煤灰可在煤炭开采矿区的采空区中充填或回填；

②煤矸石可在煤炭开采矿井、矿坑等采空区中充填或回填；

③尾矿、矿山废石等可在原矿开采区的矿井、矿坑等采空区中充填或回填。

（2）第Ⅱ类一般工业固体废物以及不符合（1）条充填或回填途径的第Ⅰ类一般工业固体废物，其充填或回填活动前应开展环境本底调查，并按照《建设用地土壤污染风险评估技术导则》（HJ 25.3—2019）等相关标准进行环境风险评估，重点评估对地下水、地表水及周边土壤的环境污染风险，确保环境风险可以接受。充填或回填活动结束后，应根据风险评估结果对可能受到影响的土壤、地表水及地下水开展长期监测，监测频次至少每年 1 次。

（3）不应在充填物料中掺加除充填作业所需的添加剂之外的其他固体废物。

（4）一般工业固体废物回填作业结束后应立即实施土地复垦（回填地下的除外），土地复垦实施过程应满足《土地复垦质量控制标准》（TD/T 1036—2013）规定的相关土地复垦质量控制要求。土地复垦后用作建设用地的，还应满足《土壤环境质量　建设用地土壤污染风险管控标准（试行）》（GB 36600—2018）的要求；用作农用地的，还应满足《土壤环境质量　农用地土壤污染风险管控标准（试行）》（GB 15618—2018）的要求。

（5）食品制造业、纺织服装和服饰业、造纸和纸制品业、农副食品加工业等为日常生活提供服务的活动中产生的与生活垃圾性质相近的一般工业固体废物以及其他有机物含量超过 5%的一般工业固体废物（煤矸石除外）不得进行充填、回填作业。

上述中第Ⅰ类一般工业固体废物是指按照《固体废物　浸出毒性浸出方法　水平振荡法》（HJ 557—2010）规定方法获得的浸出液中任何一种特征污染物浓度均超过《污水综合排放标准》（GB 8978—1996）最高允许排放浓度（第二类污染物最高允许排放浓度按照一级标准执行），且 pH 在 6～9 范围之内的一般工业固体废物。第Ⅱ类一般工业固体废物是指按照《固体废物　浸出毒性浸出方法　水平振荡法》（HJ 557—2010）规定方法获得的浸出液中有一种或一种以上的特征污染物浓度超过《污水综合排放标准》（GB 8978—1996）最高允许排放浓度（第二类污染物最高允许排放浓度按照一级标准执行），或 pH 在 6～9 范围之外的一般工业固体废物。

37. 煤矸石综合利用坚持什么原则？国家鼓励的煤矸石综合利用方式有哪些？

根据《煤矸石综合利用管理办法》，煤矸石的综合利用应当坚持减少排放和扩大利用相结合，实行就近利用、分类利用、大宗利用、高附加值利用，提升技术水平，实现经济效益、社会效益和环境效益有机统一，加强全过程管理，提高煤矸石利用量和利用率。

根据《煤矸石综合利用管理办法》、《关于"十四五"大宗固体废弃物综合利用的指导意见》（发改环资〔2021〕381号）、《关于印发加快推动工业资源综合利用实施方案的通知》（工信部联节〔2022〕9号）、《国务院办公厅关于加快构建废弃物循环利用体系的意见》等文件，国家鼓励的煤矸石综合利用方式主要包括以下几种：

（1）煤矸石井下充填。煤炭和耕地复合度高的地区采用煤矸石井下充填开采技术，其他具备条件的地区优先和积极推广应用此项技术，有效控制地面沉陷、损毁耕地，减少煤矸石排放量。

（2）煤矸石循环流化床发电和热电联产。根据煤矸石资源量合理配备循环流化床锅炉及发电机组，煤矸石使用量不低于入炉燃料的60%（重量比），且收到基低位发热量不低于5 020千焦（1 200千卡）/千克。

（3）煤矸石生产建筑材料。充分挖掘煤矸石的资源属性，制备水泥、混凝土、地质聚合物、路基材料、耐火材料、陶粒等建筑材料和新型墙体材料、装修装饰材料等。

（4）从煤矸石中回收矿产品。可从煤矸石中提取回收高岭土、黄铁矿、硫精矿、稀有元素等。

（5）煤矸石土地复垦及矸石山生态环境恢复。利用煤矸石进行土地复垦时，应严格按照《土地复垦条例》和国土、环境保护等相关部门出台的有关规定执行，遵守相关技术规范、质量控制标准和环保要求。按照矿山生态环境保护与恢复治理技术规范等要求进行煤矸石堆场的生态保护与修复，防治煤矸石自燃对大气及周边环境的污染，鼓励对煤矸石山进行植被绿化。

（6）其他大宗、高附加值利用方式。煤矸石可规模化用于工程建设、塌陷区治理、矿井充填以及盐碱地、沙漠化土地生态修复等领域，在风险可控前提下深入推动农业领域应用和有价组分提取；可利用煤矸石中的碳转化为活性炭、白炭黑等物质，利用煤矸石制备吸附材料用于分离和净化工艺等。

38．粉煤灰综合利用坚持什么原则？国家鼓励的粉煤灰综合利用方式有哪些？

根据《粉煤灰综合利用管理办法》，粉煤灰综合利用应遵循"谁产生、谁治理，谁利用、谁受益"的原则，减少粉煤灰堆存，不断扩大粉煤灰综合利用规模，提高技术水平和产品附加值。

根据《粉煤灰综合利用管理办法》《关于"十四五"大宗固体废弃物综合利用的指导意见》《关于印发加快推动工业资源综合利用实施方案的通知》《国务院办公厅关于加快构建废弃物循环利用体系的意见》等文件，粉煤灰综合利用方式主要包括以下几种：

（1）高铝粉煤灰提取氧化铝及相关产品。主要以烧结处理、酸浸出和碱浸出等工艺提取粉煤灰中的氧化铝，提取后可用于生产铝金属、铝盐、耐火材料等。

（2）大掺量粉煤灰新型墙体材料。可利用粉煤灰替代原材料，制备加气混凝土、粉煤灰砌块等新型墙体材料。

（3）利用粉煤灰作为水泥混合材料并在生料中替代黏土进行配料。粉煤灰可作为掺合料添加到水泥中，提高水泥的性能，减少传统黏土的使用。

（4）利用粉煤灰作商品混凝土掺合料等。粉煤灰可用于混凝土添加剂，可提高混凝土的工作性和耐久性。

（5）其他方面。粉煤灰可用于制备多功能材料，如沸石分子筛、陶瓷材料、吸附剂等。

39．尾矿污染防治坚持什么原则？尾矿库环境监管分类分级的主要工作流程是什么？

根据《尾矿污染环境防治管理办法》，尾矿污染防治坚持预防为主、污染担责的原则。产生、贮存、运输、综合利用尾矿的单位，以及尾矿库运营、管理单位，应当采取措施，防止或者减少尾矿对环境的污染，对所造成的环境污染依法承担责任。对产生尾矿的单位和尾矿库运营、管理单位实施控股管理的企业集团，应当加强对其下属企业的监督管理，督促、指导其履行尾矿污染防治主体责任。

根据《尾矿库环境监管分类分级技术规程（试行）》（环办固体函〔2021〕613号），尾矿库环境监管分类分级采用定性与定量相结合的方式，首先依据尾矿所属矿种类型和尾矿库周边环境敏感程度定性分类，再按尾矿库生产状态选取关键指标进行定量分析，确定尾矿库环境监管优先序。定性分类主要考虑尾矿库所属矿种类型与周边环境敏感程度两项因素，定量分析主要考虑"尾矿库等别""尾矿库启用时间""环境风险控制""主要污染防治设施"4 项共性指标和 1 项差异性评价指标。尾矿库按分类分级赋分加和的总分值从高到低排序，划分尾矿库的环境监管等级。对一些存在特殊情形的尾矿库，可调整其环境监管等级。

40. 生活垃圾焚烧设施协同处置一般工业固体废物有哪些要求？

根据《生活垃圾焚烧污染控制标准》（GB 18485—2014），由环境卫生机构收集的服装加工、食品加工以及其他为城市生活服务的行业产生的性质与生活垃圾相近的一般工业固体废物可直接进入生活垃圾焚烧炉进行焚烧处置。在不影响生活垃圾焚烧炉污染物排放达标和焚烧炉正常运行的前提下，一般工业固体废物可以进入生活垃圾焚烧炉进行焚烧处置。

部分省（市）在生活垃圾协同处置一般工业固体废物方面开展先行先试，如浙江省印发《浙江省生活垃圾焚烧设施协同处置一般工业固体废物名录（第一批）》（浙环发〔2023〕31 号），提出协同处置的一般工业固体废物应与生活垃圾形状相近，其处置方式、热值等应符合《生活垃圾焚烧污染控制标准》（GB 18485—2014）和环评批复中设计参数、污染排放等要求，该目录列举了 SW07、SW13、SW14、SW15、SW16、SW17 和 SW59 中的 21 种一般工业固体废物。合肥市建立了生活垃圾协同处置一般工业固体废物建议名录，列举了 SW07、SW13、SW14、SW15、SW16、SW17 和 SW59 中的 19 种一般工业固体废物。上海市和广东省分别建立了生活垃圾焚烧设施协同焚烧一般工业固体废物清单，涵盖粮食及食品加工废物、纺织皮革业废物、造纸印刷业废物等 11 种一般工业固体废物清单。

三

农业篇

41. 什么是农业固体废物？农业固体废物包括哪些种类？

根据《固废法》，农业固体废物是指在农业生产活动中产生的固体废物。根据《固体废物分类与代码目录》（生态环境部公告2024年第4号），农业固体废物包括农业废物（SW80）、林业废物（SW81）、畜牧业废物（SW82）、渔业废物（SW83）。农业废物包括废弃农膜薄膜，稻谷、小麦、玉米等谷物种植产生的农作物秸秆，以及其他作物种植产生的固体废物；林业废物包括林业生产活动产生的固体废物；畜牧业废物包括畜禽粪污，以及畜牧业生产活动产生的其他固体废物；渔业废物是指渔业生产活动产生的固体废物。

42. 农业领域"无废城市"建设主要指标有哪些？

根据《指标体系（2021年版）》，农业领域"无废城市"建设指标包括绿色食品有机农产品种植推广面积占比、畜禽养殖标准化示范场占比、秸秆收储运体系覆盖率、畜禽粪污收储运体系覆盖率、秸秆综合利用率、畜禽粪污综合利用率、农膜回收率、农药包装废弃物回收率、化学农药施用量亩均下降幅度、化学肥料施用量亩均下降幅度、病死畜禽集中无害化处理率等11项。其中，秸秆综合利用率、畜禽粪污综合利用率、农膜回收率3项为必选指标。

43. 农业领域"无废城市"建设主要任务是什么？

根据《工作方案》，"十四五"时期"无废城市"农业固体废物建设主要任务是促进农业农村绿色低碳发展，提升主要农业固体废物综合利用水平。发展生态种植、生态养殖，建立农业循环经济发展模式，促进农业固体废物综合利用。鼓励和引导农民采用增施有机肥、秸秆还田、种植绿肥等技术，持续减少化肥农药施用比例。加大畜禽粪污和秸秆资源化利用先进技术和新型市场模式的集成推广，推动形成长效运行机制。探索推动农膜、农药包装等生产者责任延伸制度，着力构建回收体系。以龙头企业带动工农复合型产业发展。统筹农业固体废物能源化利用和农村清洁能源供应，推动农村发展生物质能。

44. 国家对秸秆资源台账工作有什么要求?

根据农业农村部办公厅发布的《关于做好农作物秸秆资源台账建设工作的通知》（农办科〔2019〕3 号），建立台账的目的是建立科学规范的秸秆产生与利用情况调查监测标准和方法，搭建国家、省、市、县四级秸秆资源数据共享平台，掌握全国农作物秸秆产生与利用情况，为各级政府制定相关政策和规划、进行相关产业布局和管理等提供理论依据，为生态文明建设提供考核依据。

台账分为秸秆产生量和秸秆利用量两部分。其中，秸秆产生量主要调查早稻、中稻和一季晚稻、双季晚稻、小麦、玉米、马铃薯、甘薯、木薯、花生、油菜、大豆、棉花、甘蔗等农作物，也包括其他在本区域种植面积较大的农作物（不包括蔬菜）；秸秆利用量主要调查不同种类农作物秸秆的肥料化、饲料化、燃料化、基料化和原料化利用数量。具体指标可分为秸秆产生量指标和秸秆利用量指标两个。秸秆产生量指标包括草谷比、理论资源量、收集系数、可收集资源量；秸秆利用量指标包括直接还田量、农户分散利用量和市场化主体利用量。理论资源量、可收集资源量、利用量均指含水率 15% 的风干重。

台账建设实施主体为各地各级农业农村行政主管部门。按照属地原则开展台账建设，建设要求自上而下下达，数据采集自下而上收集。

45. 国家对畜禽粪污资源化利用计划和台账工作有什么要求?

根据农业农村部办公厅、生态环境部办公厅发布的《关于加强畜禽粪污资源化利用计划和台账管理的通知》（农办牧〔2021〕46号），为进一步提高畜禽粪污资源化利用的规范化、标准化水平，积极推动畜禽粪肥就地就近还田利用，国家加强了畜禽养殖场（户）粪污资源化利用计划和台账管理。具体要求包括以下几个方面：

（1）落实主体责任。各地生态环境部门、农业农村部门要督促指导规模养殖场制订年度畜禽粪污资源化利用计划，内容包括养殖品种、规模以及畜禽养殖废弃物的产生、排放和综合利用等情况。各地农业农村部门要指导畜禽规模养殖场将畜禽粪污资源化利用情况作为养殖档案的重要内容，建立畜禽粪污资源化利用台账，及时准确记录有关信息，确保畜禽粪污去向可追溯。配套土地面积不足无法就地就近还田的规模养殖场，应委托第三方代为实现粪污资源化利用，并及时准确记录有关信息。鼓励有条件的地区结合地方实际，逐步推行规模以下养殖场（户）畜禽粪污资源化利用计划和台账管理。

（2）强化日常管理。各地农业农村部门要加强对畜禽养殖场（户）的指导，生态环境部门要加强对畜禽养殖场（户）的监督，把畜禽粪污资源化利用计划和台账作为技术指导、执法监管的重要依据。农业农村部门要加强对畜禽粪肥的质量监测，生态环境部门要按照排污许可证规定，加强畜禽养殖执法监管，规范畜禽养殖污染物排放，依法查处粪肥超量施用污染环境的环境违法行为。养殖场（户）畜禽粪污去向不明的，视为未利用。

（3）加强技术指导。各地农业农村部门、生态环境部门要结合地方实际，加强宣传和培训，指导养殖场（户）准确理解填报要求和指标含义。农业农村部门要以畜禽粪污就地就近肥料化利用为重点，按照畜禽粪肥还田要求和标准，加强对畜禽养殖场（户）畜禽粪污资源化利用的指导，鼓励采用低成本、低排放、易操作的粪污处理工艺。

46. 农用薄膜是指什么？国家对农用薄膜回收台账工作有什么要求？

根据《农用薄膜管理办法》（农业农村部、工业和信息化部、生态环境部和市场监管总局令 2020 年第 4 号），农用薄膜是指用于农业生产的地面覆盖薄膜和棚膜。该办法第十七条提出，农用薄膜回收网点和回收再利用企业应当依法建立回收台账，如实记录废旧农用薄膜的重量、体积、杂质、缴膜人名称及其联系方式、回收时间等内容。回收台账应当至少保存两年。

47. 农药包装废弃物是指什么？国家对农药包装废弃物回收台账工作有什么要求？

根据《农药包装废弃物回收处理管理办法》（农业农村部、生态环境部令 2020 年第 6 号），农药包装废弃物是指农药使用后被废弃的与农药直接接触或含有农药残余物的包装物，包括瓶、罐、桶、袋等。该办法第十二条规定，农药经营者和农药包装废弃物回收站（点）应当建立农药包装废弃物回收台账，记录农药包装废弃物的数量和去向信息。回收台账应当保存两年以上。第二十一条规定，农药经营者和农药包装废弃物回收站（点）未按规定建立农药包装废弃物回收台账的，由地方人民政府农业农村主管部门责令改正；拒不改正或者情节严重的，可处 2 000 元以上 2 万元以下罚款。

48. 什么是绿色种养循环农业？有哪些典型案例？

根据农业农村部办公厅、财政部办公厅发布的《关于开展绿色种养循环农业试点工作的通知》（农办农〔2021〕10 号），绿色种养循环农业是为了打通种养循环堵点，推动"粪污"变"粪肥"，促进有机肥科学合理施用，是一种重要的农业发展方式。通过促进绿色种养和循环农业的发展，重点推进粪肥就地就近还田利用，培育粪肥还田服务组织，以实现资源的最大化利用。

河北省衡水市安平县通过对县域内畜禽粪污、废弃秸秆等农牧业废弃物进行厌氧发酵，打造"气、电、热、肥"联产生态循环模式，每年可消纳 40 万吨粪便和 35 万吨秸秆，产沼气 1 800 万立方米，发电并网 1 512 万度，产有机肥 25 万吨，减少二氧化碳排放 36.8 万吨，节约标准煤约 10.5 万吨。

山东省诸城市按照"政府扶持、企业主导、市场运作"的思路，通过完善政府、企业、养殖户、种植户之间的利益联结机制，探索创新了以专业化服务企业为主体的畜禽粪污处理和资源化利用新模式，2021 年完成种养循环农业示范面积 10 万亩*，建成生态循环种养基地 262 个，全市畜禽粪污资源化利用率达到 93%，秸秆综合利用率达到 96%。

湖北省大冶市以规划为引领，以项目为载体，以制度为保障，推进绿色种养循环农业试点，使粪肥还田利用率达到 90% 以上，化肥施用量减少 30% 以上，全市受污染耕地安全利用率达到 90% 以上，农产品质量安全检测总体合格率常年在 99% 以上，农业生态环境显著改善。

49. 什么是秸秆"五化"利用？有哪些典型案例？

根据《秸秆综合利用技术目录（2021）》（农办科〔2021〕28 号），秸秆"五化"包括秸秆肥料化、秸秆饲料化、秸秆燃料化、秸秆原料化和秸秆基料化。

秸秆肥料化包括秸秆肥料化利用技术、秸秆犁耕深翻还田技术、秸秆旋耕混埋还田技术、秸秆免耕覆盖还田技术、秸秆田间快速腐熟技术、秸秆生物反应堆技术、秸秆堆沤还田技术、秸秆炭基肥生产技术。吉林省公主岭市通过制定秸秆全量深翻还田实施验收方案，加大财政扶持政策，在重点乡镇推广以玉米秸秆全量深翻还田技术，使土壤有机质平均提升 3.2%，玉米增产 10% 左右，同时减少 10%～15% 的

---

* 1 亩=1/15 公顷。

化肥投入，合计节本增收 60 元/亩左右，实现农民增收、农业增效。

秸秆饲料化包括秸秆青（黄）贮技术、秸秆碱化/氨化技术、秸秆压块饲料加工技术、秸秆揉搓丝化加工技术、秸秆挤压膨化技术、秸秆汽爆技术。福建省建瓯市将鲜食玉米秸秆制作成青贮饲料，替代苜蓿饲喂奶牛，可将每头奶牛每天的苜蓿饲喂量由 5 公斤减少到 3 公斤，每年为养殖场可节约饲料成本 230 万元。

秸秆燃料化包括秸秆打捆直燃供暖（热）技术、秸秆固化成型技术、秸秆炭化技术、秸秆沼气技术、秸秆纤维素乙醇生产技术、秸秆热解气化等气化技术、秸秆直燃（混燃）发电技术、秸秆热电联产技术。辽宁省铁岭市新台子镇通过将田间松散的秸秆捡拾打捆后，采用 10 吨秸秆连续式捆烧锅炉为区域居民小区和学校进行供暖供热，每年可消纳秸秆约 4 060 吨，节约供暖费用约 132 万元，节约煤 2 030 吨。

秸秆基料化包括秸秆食用菌栽培技术、秸秆制备栽培基质与容器技术。湖南省华容县通过"基地+农户"积极发展秸秆种蘑菇模式，建成高标准大球盖菇种植基地 500 公顷以上，使每亩大球盖菇种植可增产 250 公斤，增收 1.5 万元左右，提供秸秆原料的农户户均也可增收 1 300 多元，还为农村闲散劳动力提供了 300 个以上的劳动就业岗位。

秸秆原料化包括秸秆人造板材生产技术、秸秆复合材料生产技术、秸秆清洁制浆技术、秸秆编织网技术、秸秆聚乳酸生产技术、秸秆墙体技术、秸秆膜制备技术。宁夏回族自治区灵武市将水稻、小麦、玉米秸秆及芦苇、蒲草为原料进行草编，生产铁路运输草支垫、各种规格草袋、草绳以及精美的草编手工艺品等，年均可消纳稻草、麦草、玉米、苇柴等秸秆 100 万吨，年总产值达 1 亿元，带动 1 600 余人就业增收。

50. 畜禽养殖污染防治坚持什么原则？有哪些典型案例？

根据国务院发布的《畜禽规模养殖污染防治条例》（国务院令第 643 号），畜禽养殖污染防治，应当统筹考虑保护环境与促进畜牧业发展的需要，坚持预防为主、防治结合的原则，实行统筹规划、合理布局、综合利用、激励引导。

河南省南阳市内乡县针对规模以下养殖户数量多、分散广、难监管的实际问题，按照"狠抓收集、运输、利用三个环节，健全一个机制"的工作思路，坚持正向激励，用活惠民政策，科学精准治污。在粪污收集上，制定《规模以下养殖户粪污全量收集设施建设规范》，规范治污设施；在粪污运输上，全县统一购置粪污运输车辆37辆，全部安装北斗定位系统，规范运行监管；在粪污利用上，管理员、养殖户、收储中心分别按规范要求填写台账。全县15个乡镇，建设了15个收储中心，包含27个粪污收储利用点、1 450个小散养殖户，实现粪污收集全覆盖。成都邛崃市通过建立畜禽粪污长效工作机制，形成"就近循环+异地循环+多形式综合利用"畜禽粪污治理模式，促进全市畜禽粪肥"产—供—销"一体化综合业态初步形成，解决了养殖场（户）畜禽粪污的"出路"问题，又满足了种植基地的用肥需求，使全市畜禽粪污综合利用率达90%以上，规模养殖场粪污处理设施装备配套率实现100%，化肥施用量近3年持续降低，农业面源污染得到有效治理。

51. 农药包装废弃物回收坚持什么原则？有哪些典型案例？

根据《农药包装废弃物回收处理管理办法》（农业农村部、生态环境部令2020年第6号），农药生产者、经营者应当按照"谁生产、经营，谁回收"的原则，履行相应的农药包装废弃物回收义务。农药生产者、经营者可以协商确定农药包装废弃物回收义务的具体履行方式。

黑龙江省齐齐哈尔市克山县通过源头治理、设施配套和制度完善，创新全链条包装废弃物治理模式。在源头治理方面，加强病虫害监测，实现测报标准化、分析规范化、发布及时化。在配套设施方面，在全县122个行政村及农林牧场建设标准农药包装废弃物回收仓214个，废弃物压块中转站2个、区域存贮仓库1个，设立管理员162人，实现县域农药包装废弃物回收全覆盖、专管理。在制度方面，制定《克山县农药包装废弃物回收处理管理办法》，将农药包装废弃物回收处理工作纳入全县农业农村工作考核重要内容，建立了社会各界群防群治的工作体系。内蒙古自治区兴安盟科尔沁右翼前旗通过推广"321"模式，推进农药包装废弃物处理。"321"模式包括发展 3 类回收站点，经营企业回收点、嘎查村回收点、乡镇临时存储站；建立 2 本监督台账，进销存电子台账、废弃物回收台账；建设1 个处理中心，引进一家专业处理单位，进行农药包装废弃物无害化集中处理。两年累计回收农药包装废弃物 123.85 吨，回收比例达到 97.38%。

四

生活篇

52. 什么是生活垃圾？生活垃圾包括哪些种类？

根据《固废法》，生活垃圾是指在日常生活中或者为日常生活提供服务的活动中产生的固体废物，以及法律、行政法规规定视为生活垃圾的固体废物。

根据《固体废物分类与代码目录》（生态环境部公告 2024 年第 4 号），生活垃圾分为有害垃圾（SW60）、厨余垃圾（SW61）、可回收物（SW62）、大件垃圾（SW63）和其他垃圾（SW64）。根据《住房和城乡建设部等部门关于在全国地级及以上城市全面开展生活垃圾分类工作的通知》（建城〔2019〕56 号），生活垃圾分类基本类型为"有害垃圾、干垃圾、湿垃圾和可回收物"。由于我国各地气候特征、发展水平、生活习惯不同，生活垃圾成分差异显著。为避免各地"一刀切"制定分类方法，在国家大框架要求下，各地可结合实际情况，因地制宜确定强制分类的品种、细化分类收运处置等方面要求，给地方政府较大灵活性。例如，上海市将生活垃圾分为可回收物、湿垃圾、干垃圾和有害垃圾；浙江省将生活垃圾分为厨余垃圾、可回收物、有害垃圾和其他垃圾。

53. 推行生活垃圾分类制度应该坚持什么原则？

根据《固废法》，生活垃圾分类应坚持政府推动、全民参与、城乡统筹、因地制宜、简便易行的原则。

根据《住房和城乡建设部等部门关于在全国地级及以上城市全面开展生活垃圾分类工作的通知》（建城〔2019〕56 号），生活垃圾分类坚持党建引领，坚持以社区为着力点，坚持以人民群众为主体，坚持共建共治共享，加快推进以法治为基础、政府推动、全民参与、城乡统筹、因地制宜的生活垃圾分类制度，加快建立分类投放、分类收集、分类运输、分类处理的生活垃圾处理系统，努力提高生活垃圾分类覆盖面，把生活垃圾分类作为开展"美好环境与幸福生活共同缔造"

活动的重要内容，加快改善人居环境，不断提升城市品质。

54. 生活领域"无废城市"建设主要指标有哪些？

根据《指标体系（2021年版）》，生活领域"无废城市"建设相关指标包括源头减量环节的生活垃圾清运量、城市居民小区生活垃圾分类覆盖率、农村地区生活垃圾分类覆盖率、快递绿色包装使用率；资源化利用环节的生活垃圾回收利用率、再生资源回收量增长率、医疗卫生机构可回收物回收率、车用动力电池、报废机动车等产品类废物回收体系覆盖率；最终处置环节的生活垃圾焚烧处理能力占比、城镇污水污泥无害化处置率等11项。其中，生活垃圾清运量、生活垃圾回收利用率、医疗卫生机构可回收物回收率、生活垃圾焚烧处理能力占比和城镇污水污泥无害化处置率5项为必选指标。

55. 生活领域"无废城市"建设主要任务是什么？

根据《工作方案》，"无废城市"建设在生活领域旨在推动形成绿色低碳生活方式，促进生活源固体废物减量化、资源化。具体包括以下几方面：以节约型机关、绿色采购、绿色饭店、绿色学校、绿色商场、绿色快递网点（分拨中心）、"无废"景区等为抓手，大力倡导"无废"理念，推动形成简约适度、绿色低碳、文明健康的生活方式和消费模式。坚决制止餐饮浪费行为，推广"光盘行动"，引导消费者合理消费。积极发展共享经济，推动二手商品交易和流通。深入推进生活垃圾分类工作，建立完善分类投放、分类收集、分类运输、分类处理系统。构建城乡融合的农村生活垃圾治理体系，推动城乡环卫制度并轨。加快构建废旧物资循环利用体系，推进垃圾分类收运与再生资源回收"两网融合"，促进废玻璃等低值可回收物回收利用。完善废旧家电回收处理管理制度和支持政策，畅通家电生产消费回收处理全产业链条。提升城市垃圾中转站建设水平，建设环保达标的垃圾中转站。提升厨余垃圾资源化利用能力，着力解决好堆肥、沼液、沼渣等产品应用的"梗阻"问题，加强餐厨垃圾收运处置监管。提高生活垃圾焚烧能力，大幅减少生活垃圾填埋处置，规范生活垃圾填埋场管理，减少甲烷等温室气体排放。推进市政污泥源头减量，压减填埋规模，推进资源化利用。推进塑料污染全链条治理，大幅减少一次性塑料制品使用，推动可降解替代产品应用，加强废弃塑料制品回收利用。加快快递包装绿色转型，推广可循环绿色包装应用。开展海洋塑料垃圾清理整治。

56. 大件垃圾主要包括哪些种类？

根据《固体废物分类与代码目录》，大件垃圾（SW63）包括：①报废家具：家庭日常生活或者为日常生活提供服务的活动中产生的报废家具等。②报废交通运输工具：家庭日常生活或者为日常生活提供服务的活动中产生的报废船只、飞行器、报废汽车、新能源机动车、摩托车、电动车、自行车等及其零部件。③报废非道路移动机械：报废的以压燃式、点燃式发动机和新能源（如插电式混合动力、纯电动、燃料电池等）为动力的移动机械、可运输工业设备等。

57. 什么是废弃电器电子产品？

根据《固体废物分类与代码目录》，废弃电器电子产品包括家庭日常生活或者为日常生活提供服务的活动中废弃的电冰箱、空气调节器、吸油烟机、洗衣机、电热水器、燃气热水器、打印机、复印机、传真机、电视机、监视器、微型计算机、移动通信手持机、电话单机等电器电子产品。

58. 什么是城镇污水污泥？国家有哪些管理要求？

根据《固体废物分类与代码目录》，城镇污水污泥（SW90）属于其他固体废物，包含：①自来水生产和供应产生的给水污泥：给水厂沉淀池和滤池反冲洗排泥水经沉淀后形成的污泥；②污水处理及其再生利用产生的污水污泥：未接纳工业废水的城镇污水处理厂产生的污泥。

根据《固废法》第七十一条，明确城镇污水污泥的监督管理部门、责任主体、跟踪记录和报告制度、设施建设和处理经费等要求；第二十条对禁止性义务作出要求。

59. 什么是生活垃圾焚烧企业"装、树、联"？

根据《关于生活垃圾焚烧厂安装污染物排放自动监控设备和联网有关事项的通知》（环办环监〔2017〕33号）和《生活垃圾焚烧发电厂自动监测数据应用管理规定》（生态环境部令第10号），生活垃圾焚烧企业"装、树、联"即安装自动监测设备、在厂区门口竖立电子显示屏公布数据、与生态环境部门联网。一是"装"，所有垃圾焚烧企业要依法依规安装污染源排放自动监控设备，督促企业加强环境管理，落实主体责任；二是"树"，厂区门口便于群众查看的显著位置，竖立电子显示屏实时公布污染物排放和焚烧炉运行数据，向全社会公开污染排放数据，鼓励群众监督，确保治理效果；三是"联"，企业自动监控设备系统要与生态环境部门联网，进一步强化环境执法监管。

60. 有害垃圾如何管理？

根据《国务院办公厅关于转发国家发展改革委 住房城乡建设部生活垃圾分类制度实施方案的通知》（国办发〔2017〕26号），有害垃圾必须单独投放。居民社区应通过设立宣传栏、垃圾分类督导员等方式，引导居民单独投放有害垃圾。针对家庭源有害垃圾数量少、投放频次低等特点，可在社区设立固定回收点或设置专门容器分类收集、独立储存有害垃圾，由居民自行定时投放，社区居委会、物业公司等负责管理，并委托专业单位定时集中收运。建立符合环保要求、与分类需求相匹配的有害垃圾收运系统。加快危险废物处理设施建设，建立健全非工业源有害垃圾收运处理系统，确保分类后的有害垃圾得到安全处置。

61. 什么是绿色消费?

根据国家发展改革委等部门印发的《促进绿色消费实施方案》（发改就业〔2022〕107 号），绿色消费是指各类消费主体在吃、穿、住、行、用、游等消费活动全过程贯彻绿色低碳理念的消费行为。

62. 什么是"光盘行动"?

"光盘行动"是指让人们培养节约习惯，养成珍惜粮食、反对浪费的习惯。2020 年 8 月，习近平总书记作出重要指示，坚决制止餐饮浪费行为，切实培养节约习惯，在全社会营造浪费可耻、节约光荣的氛围。

根据《粮食节约行动方案》，开展节粮减损文明创建。把节粮减损要求融入市民公约、村规民约、行业规范等，推进粮食节约宣传教育进机关、进学校、进企业、进社区、进农村、进家庭、进军营。将文明餐桌、"光盘行动"等要求纳入文明城市、文明村镇、文明单位、文明家庭、文明校园创建内容，切实发挥各类创建的导向和示范作用。

63. 什么是再生资源?

根据《再生资源回收管理办法》（商务部、国家发展和改革委员会、公安部、建设部、国家工商行政管理总局、国家环境保护总局令 2007 年第 8 号），再生资源是指在社会生产和生活消费过程中产生的，已经失去原有全部或部分使用价值，经过回收、加工处理，能够使其重新获得使用价值的各种废弃物。再生资源包括废旧金属、报废电子产品、报废机电设备及其零部件、废造纸原料（如废纸、废棉等）、废轻化工原料（如橡胶、塑料、农药包装物、动物杂骨、毛发等）、废玻璃等。根据《工作方案》（环固体〔2021〕114 号），再生资源类别包括报废机动车、废钢铁、废铜、废铝、废塑料、废纸、废玻璃、废旧轮胎等。

再生资源也被称为废旧物资或城市矿产。根据国务院国资委印发的《关于加强中央企业闲置和废旧物资处置管理工作有关事项的通知》，废旧物资是指已丧失原有使用功能或使用条件，但仍具有残余价值的物资，能够作为可再生资源进行流通。根据《国家发展改革委等部门关于加快废旧物资循环利用体系建设的指导意见》（发改环资〔2022〕109 号），加快建立健全废旧物资循环利用体系，完善废旧物资回收网络，提升再生资源加工利用水平，推动二手商品交易和再制造产业发展，完善废旧物资循环利用政策保障体系。根据国家发展改革委、财政部《关于开展城市矿产示范基地建设的通知》（发改环资〔2010〕977 号），城市矿产是指工业化和城镇化过程产生和蕴藏在废旧机电设备、电线电缆、通信工具、汽车、家电、电子产品、金属和塑料包装物以及废料中，可循环利用的钢铁、有色金属、稀贵金属、塑料、橡胶等资源，其利用量相当于原生矿产资源。城市矿产是对废弃资源再生利用规模化发展的形象比喻。开展城市矿产示范基地建设是缓解资源"瓶颈"约束，减轻环境污染的有效途径，也是发展循环经济、培育战略性新兴产业的重要内容。

64. 什么是低值可回收物？

低值可回收物是指在生产生活过程中产生的具有一定的回收利用价值，能够通过一定技术经济手段实现材料化回收利用并获得一定经济效益，但回收利用的经济效益较差、回收成本较高、单纯依靠市场主体自发行为难以实现高比例回收利用的各类低经济价值可回收物，如废玻璃、废旧纺织品、废软包装类、废塑料类等。低值可回收物是与报废汽车、废旧金属、废弃电器电子产品等具有较高回收利用价值的可回收物相对的概念，在不同的市场环境与技术经济条件下可以相互转化。

根据《国家发展改革委等部门关于加快废旧物资循环利用体系建设的指导意见》（发改环资〔2022〕109 号），鼓励有条件的地方政府制定低附加值可回收物回收利用支持政策。鼓励金融机构加大对废旧物资循环利用企业和重点项目的投融资力度，鼓励各类社会资本参与废旧物资循环利用。培育多元化回收主体，鼓励各类市场主体积极参与废旧物资回收体系建设；鼓励回收企业与物业企业、环卫单位、利用企业等单位建立长效合作机制，畅通回收利用渠道，形成规范有序的回收利用产业链条；鼓励钢铁、有色金属、造纸、纺织、玻璃、家电等生产企业发展回收、加工、利用一体化模式。

65. 什么是海洋垃圾？

海洋垃圾是指海洋和海岸环境中具有持久性的、人造的或经加工的固体废物。海洋垃圾一部分停留在海滩上，一部分可漂浮在海面或沉入海底，包括漂浮垃圾、海滩垃圾和海底垃圾。它们经过海流的推动，逐渐聚集形成巨大的垃圾带，威胁海洋生物的生存环境。塑料垃圾是海洋垃圾的主要类型，主要包括塑料袋、塑料瓶、渔网等。

一些沿海城市和地区对海洋垃圾污染治理开展了一系列探索实践，并取得了积极成效。威海市立足"海洋强市"战略，积极谋划海洋绿色发展大局，不断强化海陆、区域、政策三个统筹，着力解决养殖加工废弃物和船舶污染物污染防治问题，探索形成了"海洋废弃物"陆海统筹综合管控模式。台州市为提升海洋生态综合治理能力，创新实施"蓝色循环"新模式，通过联结"海上垃圾收集—陆地再生利用—碳交易升值"环节，实现海洋塑料收集、减容储存、运输、高值利用全生命周期可视化追溯认证与闭环监管，该模式获联合国"地球卫士奖"，回收海洋塑料垃圾 2 254 吨，减少碳排放量约 2 930 吨。

66. 什么是微塑料？

微塑料是指直径小于 5 毫米的塑料颗粒，是一种造成环境污染的主要载体。微塑料的粒径范围从几微米至几毫米，是形状多样的非均匀塑料颗粒混合体，肉眼往往难以分辨，被形象地称为"海中的 $PM_{2.5}$"。与"白色污染"塑料相比，微塑料的危害体现在其颗粒直径微小，这是其与一般的不可降解塑料相比，对于环境的危害程度更深的原因。微塑料分为原生微塑料和次生微塑料两大类：原生微塑料是指经过河流、污水处理厂等而排入水环境中的塑料颗粒工业产品，例如，化妆品等含有的微塑料颗粒或作为工业原料的塑料颗粒和树脂颗粒；次生微塑料是由大型塑料垃圾经过物理、化学和生物过程造成分裂和体积减小而成的塑料颗粒。

目前，国际上广泛关注的新污染物有四大类：一是持久性有机污染物；二是内分泌干扰物；三是抗生素；四是微塑料。根据国家发展改革委、生态环境部印发的《关于进一步加强塑料污染治理的意见》（发改环资〔2020〕80 号），需加强江河湖海塑料垃圾及微塑料污染机理、监测、防治技术和政策等研究，开展生态环境影响与人体健康风险评估。

67. 什么是塑料污染全链条防治？

塑料污染全链条防治是指在管控生产源头、规范流通环节、引导消费使用、谋划产品替代、组织回收处置、实施专项清理等方面提出的一系列政策措施，通过构建塑料制品生产、流通、使用、回收处置等环节的管理制度，有力、有序、有效治理塑料污染。

根据《关于进一步加强塑料污染治理的意见》（发改环资〔2020〕80 号），有序禁止、限制部分塑料制品的生产、销售和使用，积极推广可循环、易回收、可降解替代产品，规范塑料废弃物回收利用和处置，建立健全塑料制品生产、流通、使用、回收处置等环节的管理制度，有力、有序、有效治理塑料污染。

根据国家发展改革委、生态环境部印发的《"十四五"塑料污染治理行动方案》（发改环资〔2021〕1298号），加强塑料制品生产、流通、消费、回收利用、末端处置全链条治理，压实地方、部门和企业责任，聚焦重点环节、重点领域、重点区域，积极推动塑料生产和使用源头减量、科学稳妥推广塑料替代产品，加快推进塑料废弃物规范回收利用，着力提升塑料垃圾末端安全处置水平，大力开展塑料垃圾专项清理整治，大幅减少塑料垃圾填埋量和环境泄漏量，推动"白色污染"治理取得明显成效。

68. 什么是"以竹代塑"？

根据国家发展改革委等部门印发的《加快"以竹代塑"发展三年行动计划》（发改环资〔2023〕1375号），竹子作为速生、可降解的生物质材料，是塑料的重要替代品。应以构建"以竹代塑"产业体系为重点，着力抓好竹林资源培育、竹材精深加工、产品设计制造、市场应用拓展等全链条、全要素协调发展，有效提升"以竹代塑"动能、产能、效能，推动"以竹代塑"高质量发展，助力减少塑料污染。

69. 什么是可降解塑料？

根据《降解塑料的定义、分类、标识和降解性能要求》（GB/T 20197—2006），降解塑料是指在规定环境条件下，经过一段时间，包含一个或更多步骤，导致材料化学结构的显著变化而损失某些性能（如完整性、分子质量、结构或机械强度）和/或发生破碎的塑料。可降解塑料是一类其制品的各项性能可满足使用要求，在保存期内性能不变，而使用后在自然环境条件下能降解成对环境无害的物质的塑料。应使用能反映性能变化的标准试验方法进行测试，并按降解方式和使用周期确定其类别。

70. 什么是绿色生活创建行动？

根据国家发展改革委印发的《绿色生活创建行动总体方案》（发改环资〔2019〕1696 号），通过开展节约型机关、绿色家庭、绿色学校、绿色社区、绿色出行、绿色商场、绿色建筑等创建行动，广泛宣传推广简约适度、绿色低碳、文明健康的生活理念和生活方式，建立完善绿色生活的相关政策和管理制度，推动绿色消费，促进绿色发展。

自印发实施《绿色生活创建行动总体方案》及七大领域单项行动方案以来，国家推动节约型机关、绿色家庭、绿色学校、绿色社区、绿色出行、绿色商场、绿色建筑等创建行动取得积极进展。截至 2022 年年底，绿色生活创建行动阶段性目标任务已经完成，全国 70%县级及以上党政机关建成节约型机关，全国公共机构人均综合能耗、人均用水量比 2011 年分别下降 24%和 28%以上；共有 109 个城市开展绿色出行创建行动，绿色出行比例和绿色出行服务满意率大幅提升，培育了一批践行绿色生活方式的绿色家庭典型，推广了一批人居环境整洁、舒适、安全、美丽的绿色社区示范。

71. 什么是绿色包装和可循环包装？

根据《绿色包装评价方法与准则》（GB/T 37422—2019），绿色包装是指在包装产品全生命周期中，在满足包装功能要求的前提下，对人体健康和生态环境危害小、资源能源消耗少的包装。根据《电子商务物流可循环包装管理规范》（GB/T 41242—2022），可循环包装是指在物流活动中，通过回收能重复使用的容器。

根据国家发展改革委等 8 部门关于印发《深入推进快递包装绿色转型行动方案》的通知（发改环资〔2023〕1595 号），到 2025 年年底，快递绿色包装标准体系全面建立，禁止使用有毒有害快递包装要求全面落实，快递行业规范化管理制度有效运行，电商、快递行业经营者快递包装减量化意识显著提升，大型品牌电商企业快递过度包装现象明显改善，在电商行业培育遴选一批电商快递减量化典型，同城快递使用可循环快递包装比例达到 10%，旧纸箱重复利用规模进一步扩大，快递包装基本实现绿色转型。

72. 什么是商品过度包装？消费者如何快速判断包装是否属于过度包装？

根据《国务院办公厅关于进一步加强商品过度包装治理的通知》（国办发〔2022〕29 号），商品过度包装是指超出了商品保护、展示、储存、运输等正常功能要求的包装，主要表现为包装层数过多、包装空隙过大、包装成本过高、选材用料不当等。贯彻落实《固体废物污染环境防治法》《消费者权益保护法》《标准化法》《价格法》等法律法规和国家有关标准，充分认识进一步加强商品过度包装治理的重要性和紧迫性，在生产、销售、交付、回收等各环节明确工作要求，强化监管执法，健全标准体系，完善保障措施，坚决遏制商品过度包装现象，为促进生产生活方式绿色转型、加强生态文明建设提供有力支撑。到 2025 年，基本形成商品过度包装全链条治理体系，相关法律法规更加健全，标准体系更加完善，行业管理水平明显提升，线上线下一体化执法监督机制有效运行，商品过度包装治理能力显著增强。

根据《限制商品过度包装要求生鲜食用农产品》强制性国家标准"十问"，消费者一般可以通过"一看、二问、三算"，简单判断商品是否属于过度包装。"一看"，就是看商品的外包装是否为豪华包装，包装材料是否属于昂贵的材质；"二问"，就是在不拆开包装的情况下，问清包装层数，判断蔬菜（包含食用菌）和蛋类包装是否超过 3 层，水果、畜禽肉、水产品类的包装是否超过 4 层；"三算"，就是要测量或估算外包装的体积，并与允许的最大外包装体积进行对比，看是否超标。以上 3 个方面，只要有一个不符合要求，就可以初步判定为不符合标准要求。我们呼吁消费者尽量不选购过度包装的商品，抵制过度包装行为，以自身行动践行绿色低碳消费理念。

73. 哪些塑料制品被禁止和限制使用？

根据《关于进一步加强塑料污染治理的意见》（发改环资〔2020〕80 号），有序禁止、限制部分塑料制品的生产、销售和使用。

禁止生产、销售的塑料制品包括：厚度小于 0.025 毫米的超薄塑料购物袋、厚度小于 0.01 毫米的聚乙烯农用地膜；以医疗废物为原料制造的塑料制品。到 2020 年年底，禁止生产和销售一次性发泡塑料餐具、一次性塑料棉签；禁止生产含塑料微珠的日化产品。到 2022 年年底，禁止销售含塑料微珠的日化产品。

禁止、限制使用的塑料制品包括：①不可降解塑料袋。到 2020 年年底，直辖市、省会城市、计划单列市城市建成区的商场、超市、药店、书店等场所以及餐饮打包外卖服务和各类展会活动，禁止使用不可降解塑料袋，集贸市场规范和限制使用不可降解塑料袋。到 2022 年年底，实施范围扩大至全部地级以上城市建成区和沿海地区县城建成区。到 2025 年年底，上述区域的集贸市场禁止使用不可降解塑料袋。鼓励有条件的地方，在城乡接合部、乡镇和农村地区集市等场所停止使用不可降解塑料袋。②一次性塑料餐具。到 2020 年年底，全国范围餐饮行业禁止使用不可降解一次性塑料吸管；地级以上城市建成区、景区景点的餐饮堂食服务，禁止使用不可降解一次性塑料餐具。到 2022 年年底，县城建成区、景区景点餐饮堂食服务，禁止使用不可降解一次性塑料餐具。到 2025 年年底，地级以上城市餐饮外卖领域不可降解一次性塑料餐具消耗强度下降 30%。③宾馆、酒店一次性塑料用品。到 2022 年年底，全国范围星级宾馆、酒店等场所不再主动提供一次性塑料用品，可通过设置自助购买机、提供续充型洗洁剂等方式提供相关服务。到 2025 年年底，实施范围扩大至所有宾馆、酒店、民宿。④快递塑料包装。到 2022 年年底，北京、上海、江苏、浙江、福建、广东等省（市）的邮政快递网点，先行禁止使用不可降解的塑料包装袋、一次性塑料编织袋等，降低不可降解的塑料胶带使用量。到 2025 年年底，全国范围邮政快递网点禁止使用不可降解的塑料包装袋、塑料胶带、一次性塑料编织袋等。

74. 什么是一次性塑料制品使用、报告制度？

《商务领域经营者使用、报告一次性塑料制品管理办法》（商务部、国家发展和改革委员会令 2023 年第 1 号）第十六条规定，商品零售场所开办单位、电子商务平台（含外卖平台）企业、外卖企业应当通过商务部建立的全国一次性塑料制品使用、回收报告系统，向所在地县级商务主管部门报告一次性塑料制品使用、回收情况。报告每半年提交一次，上半年报告应于当年 7 月 31 日前完成，下半年报告应于次年的 1 月 31 日前完成。一次性塑料制品报告范围根据国家相关规定动态调整。报告应当真实、完整，不得有虚假内容，不得有重大遗漏。

75. 邮政快递业的"9792"工程和"9917"工程是什么？

2020 年，为了适应新形势、新要求，推进快递包装绿色治理，国家邮政局印发《2020 年行业生态环境保护工作要点》，围绕快递包装绿色治理明确年度工作任务和措施，提出实施"9792"工程。明确到 2020 年年底，力争实现 45 毫米以下"瘦身"胶带封装比例 90%，电商快件不再二次包装率 70%，循环中转袋使用率 90%，新增 2 万个设置标准包装废弃物回收装置的邮政快递网点目标。

2022 年，国家邮政局深入贯彻习近平生态文明思想，认真贯彻落实习近平总书记关于快递包装绿色治理的重要指示精神，提出实施绿色发展"9917"工程，并将其列为邮政业更贴近民生七件实事之一。明确到 2022 年年底,实现采购使用符合标准的包装材料比例达到 90%,规范包装操作比例达到 90%,投放可循环快递箱(盒)达到 1 000 万个,回收复用瓦楞纸箱 7 亿个。

近年来,在国家邮政局的指导下,各级邮政管理部门不断健全法规标准政策体系,深入开展邮政业塑料污染治理、邮件快件过度包装治理等专项治理,全面强化监督管理,积极推动协同共治,推动快递包装减量化、标准化和循环化,快递包装绿色治理工作卓有成效。

76. 什么是"两网融合"回收模式?

"两网融合"是指健全再生资源回收利用体系,加强生活垃圾分类收运体系与再生资源回收体系在规划、建设、运营等方面的融合。根据《国家发展改革委等部门关于加快废旧物资循环利用体系建设的指导意见》(发改环资〔2022〕109 号),需完善废旧物资回收网络,合理布局废旧物资回收站点,深入推进生活垃圾分类网点与废旧物资回收网点"两网融合"。在浙江省等基础较好地区,正在加快推进生活垃圾可回收物、生活源再生资源和一般工业固体废物回收体系"三网融合"建设。

五

建筑篇

77. 什么是建筑垃圾？建筑垃圾包括哪些种类？

根据《固废法》，建筑垃圾是指建设单位、施工单位新建、改建、扩建和拆除各类建筑物、构筑物、管网等，以及居民装饰装修房屋过程中产生的弃土、弃料和其他固体废物。

根据《固体废物分类代码与目录》，建筑垃圾包括工程渣土（SW70）、工程泥浆（SW71）、工程垃圾（SW72）、拆除垃圾（SW73）、装修垃圾（SW74）5 类。其中，工程渣土是指各类建筑物、构筑物、管网等地基开挖过程中产生的弃土，废物代码为 900-001-S70；工程泥浆是指钻孔桩基施工、地下连续墙施工、泥水盾构施工、水平定向钻及泥水顶管等施工产生的泥浆，废物代码为 900-001-S71；工程垃圾是指各类建筑物、构筑物等建设过程中产生的弃料，废物代码为 900-001-S72；拆除垃圾是指各类建筑物、构筑物等拆除过程中产生的金属弃料、木材弃料、塑料弃料及其他弃料，废物代码分别为 502-001-S73、502-002-S73、502-003-S73 及 502-099-S73；装修垃圾是指装饰装修房屋过程中产生的废弃物，废物代码为 501-001-S74。

78. 建筑领域"无废城市"建设主要指标有哪些？

根据《工作方案》，建筑领域"无废城市"建设指标包括源头减量环节的绿色建筑占新建建筑的比例、装配式建筑占新建建筑的比例、资源化利用环节的建筑垃圾资源化利用率等 3 项。其中，绿色建筑占新建建筑的比例、建筑垃圾资源化利用率 2 项为必选指标。

79. 建筑领域"无废城市"建设主要任务是什么？

根据《工作方案》，建筑领域主要任务为大力发展节能低碳建筑，全面推广绿色低碳建材，推动建筑材料循环利用。落实建设单位建筑垃圾减量化的主体责任，将建筑垃圾减量化措施费用纳入工程概算。以保障性住房、政策投资或以政府投资为主的公建项目为重点，大力发展装配式建筑，有序提高绿色建筑占新建建筑的比例。推行全装修交付，减少施工现场建筑垃圾产生。各地制定完善施工现场建筑垃圾分类、收集、统计、处置和再生利用等相关标准。鼓励建筑垃圾再生骨料及制品在建筑工程和道路工程中的应用。推动在土方平衡、林业用土、环境治理、烧结制品及回填等领域大量利用经处理后的建筑垃圾。开展存量建筑垃圾治理，对堆放量较大、较集中的堆放点，经治理、评估后达到安全稳定要求，进行生态修复。

80. 什么是绿色建筑？评价标准是什么？

根据《绿色建筑评价标准》（GB/T 50378—2019），绿色建筑是指在全寿命期内，节约资源、保护环境、减少污染，为人们提供健康、适用、高效的使用空间，最大限度地实现人与自然和谐共生的高质量建筑。绿色建筑评价应结合建筑所在地域的气候、环境、资源、经济和文化等特点，对建筑全寿命期内的安全耐久、健康舒适、生活便利、资源节约、环境宜居等性能进行综合评价。评价指标体系应由安全耐久、健康舒适、生活便利、资源节约、环境依据 5 类指标组成，且每类指标均包括控制项和评分项，控制项的评定结果应为达标或不达标，评分项和加分项的评定结果应为分值。评价指标体系还统一设置加分项。根据控制项达标情况及评分项分值，将绿色建筑划分为基本级、一星级、二星级、三星级 4 个等级，当满足全部控制项要求时，绿色建筑等级应为基本级；一星级、二星级、三星级 3 个等级的绿色建筑均应满足全部控制项要求，且每类指标的评分项得分不应小于其评分项满分值的 30%；一星级、二星级、三星级 3 个等级的绿色建筑均应进行全装修，全装修工程质量、选用材料及产品质量应符合国家现行有关标准的规定；当总得分分别达到 60 分、70 分、85 分且满足相应技术要求时，绿色建筑等级分别为一星级、二星级、三星级。

81. 什么是装配式建筑？评价标准是什么？

根据《装配式建筑评价标准》（GB/T 51129—2017），装配式建筑是指由预制部品部件在工地装配而成的建筑。装配式建筑评价应符合下列规定：设计阶段宜进行预评价，并应按设计文件计算装配率；项目评价应在项目竣工验收后进行，并应按竣工验收资料计算装配率和确定评价等级的规定。装配式建筑应同时满足下列要求：主体结构部分的评价分值不低于 20 分，围护墙和内隔墙部分的评价分值不低于 10 分，采用全装修，装配率不低于 50%的要求。此外，装配式建筑宜采用装配化装修。装配式建筑等级评价应以单体建筑作为评价单元，以装配率划定评价等级。装配式建筑根据装配率划分为 A 级、AA 级、AAA 级 3 个等级，装配率为 60%～75%时，评价为 A 级装配式建筑；装配率为 76%～90%时，评价为 AA级装配式建筑；装配率为 91%及以上时，评价为 AAA 级装配式建筑。

82. 什么是绿色建材？评价标准是什么？

根据《绿色建材评价技术导则（试行）第一版》，绿色建材是指在全生命周期内可减少对天然资源消耗和减轻对生态环境影响，具有"节能、减排、安全、便利和可循环"特征的建材产品。该导则规定每类建材产品按照绿色建材内涵和生产使用特性，分别制定绿色建材评价技术要求，第一版制定了砌体材料、保温材料、预拌混凝土、建筑节能玻璃、陶瓷砖、卫生陶瓷、预拌砂浆等 7 类建材产品的评价技术要求，适用于上述 7 类产品的绿色建材评价。评价指标体系分为控制项、评分项和加分项。参评产品及其企业必须全部满足控制项要求，控制项主要包括大气污染物、污水、噪声排放，工作场所环境、安全生产和管理体系等方面的要求。评分项从节能、减排、安全、便利和可循环 5 个方面对建材产品全生命周期进行评价。加分项是重点考虑建材生产工艺和设备的先进性、环境影响水平、技术创新和性能等。评分项指标节能是指单位产品能耗、原材料运输能耗、管理体系等要求；减排是指生产厂区污染物排放、产品认证或环境产品声明（EPD）、碳足迹等要求；安全是指影响安全生产标准化和产品性能的指标；便利是指施工性能、应用区域适用性和经济性等要求；可循环是指生产、使用过程中废弃物回收和再利用的性能指标。绿色建材等级由评价总得分确定，从低到高分为一星级、二星级和三星级 3 个等级。

83. 什么是超低能耗建筑和近零能耗建筑？

根据《被动式超低能耗绿色建筑技术导则（试行）（居住建筑）》，被动式超低能耗绿色建筑是指适应气候特征和自然条件，通过保温隔热性能和气密性能更高的围护结构，采用高效新风热回收技术，最大限度地降低建筑供暖供冷需求，并充分利用可再生能源，以更少的能源消耗提供舒适室内环境并能满足绿色建筑基本要求的建筑。

根据《近零能耗建筑技术标准》（GB/T 51350—2019），近零能耗建筑是指适应气候特征和场地条件，通过被动式建筑设计最大幅度降低建筑供暖、空调、照明需求，通过主动技术措施最大幅度提高能源设备与系统效率，充分利用可再生能源，以最少的能源消耗提供舒适室内环境，且其室内环境参数和能效指标符合本标准规定的建筑，其建筑能耗水平应较国家标准《公共建筑节能设计标准》（GB 50189—2015）和行业标准《严寒和寒冷地区居住建筑节能设计标准》（JGJ 26—2010）、《夏热冬冷地区居住建筑节能设计标准》（JGJ 134—2016）、《夏热冬暖地区居住建筑节能设计标准》（JGJ 75—2012）降低 60%～75%以上。

84. 地方在促进建筑垃圾限额排放方面有哪些创新做法？

2020 年，住房和城乡建设部印发实施《关于推进建筑垃圾减量化的指导意见》（建质〔2020〕46 号），提出到 2025 年年底，各地区实现新建建筑施工现场建筑垃圾（不包括工程渣土、工程泥浆）排放量每万平方米不高于 300 吨，装配式建筑施工现场建筑垃圾（不包括工程渣土、工程泥浆）排放量每万平方米不高于 200 吨。该文件对建筑垃圾排放量进行了明确限定。随后，各地在建筑垃圾限额排放方面做了很多探索与创新。

深圳市于 2020 年 7 月 1 日正式实施《深圳市建筑废弃物管理办法》（深圳市人民政府令第 330 号），规定建设工程实行建筑废弃物排放限额制度。2020 年 1 月 1 日起实施《建设工程建筑废弃物排放限额标准》（SJG 62—2019）。作为国内第一部对各类建设工程产生的建筑废弃物提出具体排放限额指标要求的技术标准，该标准明确了深圳市建筑工程、道路桥梁工程、轨道交通工程、市政管线及综合管廊工程、园林工程、水利工程六大类建设工程中，产生的工程渣土、拆除废弃物、施工废弃物、装修废弃物四大类建筑废弃物的排放限额计算方法，并将综合利用产品应用情况纳入限额指标考虑因素，以激励综合利用产品的全面推广应用。此外，深圳市还出台了《建设工程建筑废弃物减排与综合利用技术标准》（SJG 63—2019），在国内首次明确各类建设工程建筑废弃物减排与综合利用设计和验收要求，为建设工程达到限额标准提供了技术路线。

宁波市于 2023 年出台《宁波市建设工程建筑垃圾排放限额技术细则》（甬 DX/JS 027—2023），于 2024 年 2 月 1 日起正式实施。该细则对工程渣土、工程泥浆、工程弃料、拆除弃料 4 类建筑垃圾排放限额及排放管理进行了明确规定，并为便于建筑垃圾后续分类利用，对 4 类建筑垃圾给出了分类回收的建议。此外，该细则将资源化利用产品使用量进行建筑垃圾产量抵扣，并明确再生产品（制品）应用正面清单和负面清单、建筑垃圾资源化利用抵扣系数，进一步推动资源化利用产品的全面应用。

六

危险废物篇

85. 什么是危险废物？危险废物包括哪些种类？

《固废法》规定，危险废物是指列入国家危险废物名录或者根据国家规定的危险废物鉴别标准和鉴别方法认定的具有危险特性的固体废物。相关标准、环评文件等认定某种固体废物为危险废物的，不满足《固废法》要求的，不具有法律效力。根据《国家危险废物名录（2021 年版）》第二条，具有下列情形之一的固体废物（包括液态废物），列入本名录：①具有毒性、腐蚀性、易燃性、反应性或者感染性一种或者几种危险特性的；②不排除具有危险特性，可能对生态环境或者人体健康造成有害影响，需要按照危险废物进行管理的；第五条第（四）项规定，危险特性是指对生态环境和人体健康具有有害影响的毒性、腐蚀性、易燃性、反应性和感染性。

《国家危险废物名录（2021 年版）》将危险废物分为 50 个类别，明确了危险废物的类别、行业来源、代码、名称及危险特性等信息。以下是危险废物类别及其代码：HW01 医疗废物，HW02 医药废物，HW03 废药物、药品，HW04 农药废物，HW05 木材防腐剂废物，HW06 废有机溶剂与含有机溶剂废物，HW07 热处理含氰废物，HW08 废矿物油与含矿物油废物，HW09 油/水、烃/水混合物或乳化液，HW10 多氯（溴）联苯类废物，HW11 精（蒸）馏残渣，HW12 染料、涂料废物，HW13 有机树脂类废物，HW14 新化学物质废物，HW15 爆炸性废物，HW16 感光材料，HW17 表面处理废物，HW18 焚烧处置残渣，HW19 含金属羰基化合物废物，HW20 含铍废物，HW21 含铬废物，HW22 含铜废物，HW23 含锌废物，HW24 含砷废物，HW25 含硒废物，HW26 含镉废物，HW27 含锑废物，HW28 含碲废物，HW29 含汞废物，HW30 含铊废物，HW31 含铅废物，HW32 无机氟化物废物，HW33 无机氰化物废物，HW34 废酸，HW35 废碱，HW36 石棉废物，HW37 有机磷化合物废物，HW38 有机氰化物废物，HW39 含酚废物，HW40 含醚废物，HW45 含有机卤化物废物，HW46 含镍废物，HW47 含钡废物，

HW48 有色金属采选和冶炼废物，HW49 其他废物，HW50 废催化剂。

86. 什么是医疗废物？

　　根据 2003 年《医疗废物管理条例》（国务院令第 380 号），医疗废物是指医疗卫生机构在医疗、预防、保健以及其他相关活动中产生的具有直接或者间接感染性、毒性以及其他危害性的废物。根据《医疗废物分类目录》（国卫医函〔2021〕238 号），医疗废物分为感染性废物、损伤性废物、病理性废物、药物性废物和化学性废物。医疗废物分类目录见表 3。

表 3　医疗废物分类目录

类别	特征	常见组分或废物名称	收集方式
感染性废物	携带病原微生物具有引发感染性疾病传播危险的医疗废物	1. 被患者血液、体液、排泄物等污染的除锐器以外的废物； 2. 使用后废弃的一次性使用医疗器械，如注射器、输液器、透析器等； 3. 病原微生物实验室废弃的病原体培养基、标本，菌种和毒种保存液及其容器；其他实验室及科室废弃的血液、血清、分泌物等标本和容器； 4. 隔离传染病患者或者疑似传染病患者产生的废弃物	1. 收集于符合《医疗废物专用包装袋、容器和警示标志标准》（HJ 421）的医疗废物包装袋中； 2. 病原微生物实验室废弃的病原体培养基、标本，菌种和毒种保存液及其容器应在产生地点进行压力蒸汽灭菌或者使用其他方式消毒，然后按感染性废物收集处理； 3. 隔离传染病患者或者疑似传染病患者产生的医疗废物应当使用双层医疗废物包装袋盛装
损伤性废物	能够刺伤或者割伤人体的废弃的医用锐器	1. 废弃的金属类锐器，如针头、缝合针、针灸针、探针、穿刺针、解剖刀、手术刀、手术锯、备皮刀、钢钉和导丝等； 2. 废弃的玻璃类锐器，如盖玻片、载玻片、玻璃安瓿等； 3. 废弃的其他材质类锐器	1. 收集于符合《医疗废物专用包装袋、容器和警示标志标准》（HJ 421）的利器盒中； 2. 利器盒达到 3/4 满时，应当封闭严密，按流程运送、贮存

类别	特征	常见组分或废物名称	收集方式
病理性废物	诊疗过程中产生的人体废弃物和医学实验动物尸体等	1．手术及其他医学服务过程中产生的废弃的人体组织、器官； 2．病理切片后废弃的人体组织、病理蜡块； 3．废弃的医学实验动物的组织和尸体； 4．16周胎龄以下或重量不足500克的胚胎组织等； 5．确诊、疑似传染病或携带传染病病原体的产妇的胎盘	1．收集于符合《医疗废物专用包装袋、容器和警示标志标准》（HJ 421）的医疗废物包装袋中； 2．确诊、疑似传染病产妇或携带传染病病原体的产妇的胎盘应使用双层医疗废物包装袋盛装； 3．可进行防腐或低温保存
药物性废物	过期、淘汰、变质或者被污染的废弃的药物	1．废弃的一般性药物； 2．废弃的细胞毒性药物和遗传毒性药物； 3．废弃的疫苗及血液制品	1．少量的药物性废物可以并入感染性废物中，但应在标签中注明； 2．批量废弃的药物性废物，收集后应交由具备相应资质的医疗废物处置单位或者危险废物处置单位等进行处置
化学性废物	过期、淘汰、变质或者被污染的废弃的药物	列入《国家危险废物名录》中的废弃危险化学品，如甲醛、二甲苯等；非特定行业来源的危险废物，如含汞血压计、含汞体温计、废弃的牙科汞合金材料及其残余物等	1．收集于容器中，粘贴标签并注明主要成分； 2．收集后应交由具备相应资质的医疗废物处置单位或者危险废物处置单位等进行处置

87．什么是社会源危险废物？

　　社会源危险废物是指除医疗废物和工业危险废物外产生于社会活动中的危险废物。社会源危险废物产生量相对较小，但种类繁多，来源复杂，包括但不限于废荧光灯、废温度计、废血压计、废铅酸电池、废镍镉电池和氧化汞电池、废药品及其包装物、废杀虫剂和消毒剂及其包装物、废油漆和溶剂及其包装物、废矿物油及其包装物等，如不及时收集处理将存在较大环境风险隐患。

《指标体系（2021 年版）》中包括"社会源危险废物收集处置体系覆盖率"指标，指标解释中说明社会源危险废物的产生单位建设期间可以高校及研究机构实验室、第三方社会检测机构实验室、汽修企业为主。

88. 危险废物领域"无废城市"建设主要指标有哪些？

根据《指标体系（2021 年版）》，危险废物领域"无废城市"建设指标包括源头减量环节的工业危险废物产生强度；资源化利用环节的工业危险废物综合利用率；最终处置环节的工业危险废物填埋处置量下降幅度、医疗废物收集处置体系覆盖率、社会源危险废物收集处置体系覆盖率等 5 项。其中，工业危险废物产生强度、工业危险废物综合利用率、工业危险废物填埋处置量下降幅度、医疗废物收集处置体系覆盖率 4 项为必选指标。

89. 危险废物领域"无废城市"建设主要任务是什么？

根据《工作方案》，危险废物领域"无废城市"建设主要任务为强化监管和利用处置能力，切实防控危险废物环境风险。支持研发、推广减少工业危险废物产生量和降低工业危险废物危害性的生产工艺和设备，从源头减少危险废物产生量、降低危害性。以废矿物油、废铅蓄电池、实验室废物等为重点，开展小微企业、科研机构、学校等产生的危险废物收集转运服务。开展工业园区危险废物集中收集贮存试点，推动收集转运贮存专业化。强化危险废物利用处置企业的土壤地下水污染预防和风险管控，督促企业依法落实土壤污染隐患排查等义务；促进规模化发展、专业化运营，提升集中处置基础保障能力。在环境风险可控的前提下，探索"点对点"定向利用豁免管理。完善医疗废物收集转运处置体系，保障重大疫情医疗废物应急处理能力，完善应急处置机制。加强区域难处置危险废物暂存设施建设。建立危险废物环境风险区域联防联控机制，强化部门之间信息共享、监管协作和联动执法工作机制，形成工作合力。严厉打击非法排放、倾倒、收集、贮存、转移、利用或处置危险废物等环境违法犯罪行为，实施生态环境损害赔偿制度。

90. 国家对危险废物鉴别有什么要求？

《固废法》第七十五条规定，国务院生态环境主管部门应当会同国务院有关部门制定国家危险废物名录，规定统一的危险废物鉴别标准、鉴别方法、识别标志和鉴别单位管理要求。

根据《国家危险废物名录（2021 年版）》第四条和第六条要求，危险废物与其他物质混合后的固体废物，以及危险废物利用处置后的固体废物的属性判定，按照国家规定的危险废物鉴别标准执行。对不明确是否具有危险特性的固体废物，应当按照国家规定的危险废物鉴别标准和鉴别方法予以认定。经鉴别具有危险特性的，属于危险废物，应当根据其主要有害成分和危险特性确定所属废物类别，并按代码"900-000-××"（××为危险废物类别代码）进行归类管理。经鉴别不具有危险特性的，不属于危险废物。

根据《关于加强危险废物鉴别工作的通知》（环办固体函〔2021〕419 号）要求，明确以下固体废物应开展危险废物鉴别：①生产及其他活动中产生的可能具有对生态环境和人体健康造成有害影响的毒性、腐蚀性、易燃性、反应性或感染性等危险特性的固体废物。②依据《建设项目危险废物环境影响评价指南》等文件的有关规定，开展环境影响评价需要鉴别的可能具有危险特性的固体废物，以及建设项目建成投运后产生的需要鉴别的固体废物。③生态环境主管部门在日常环境监管工作中认为有必要，且有检测数据或工艺描述等相关材料表明可能具有危险特性的固体废物。④突发环境事件涉及的或历史遗留的等无法追溯责任主体的可能具有危险特性的固体废物。⑤其他根据国家有关规定应进行鉴别的固体废物。司法案件涉及的危险废物鉴别按照司法鉴定管理规定执行。

在危险废物鉴别技术规定方面，我国已出台的相关标准包括《危险废物鉴别标准　通则》（GB 5085.7—2019）、《危险废物鉴别标准　毒性物质含量鉴别》（GB 5085.6—2007）、《危险废物鉴别标准　反应性鉴别》（GB 5085.5—2007）、《危险废物鉴别标准　易燃性鉴别》（GB 5085.4—2007）、《危险废物鉴别标准　浸出毒性鉴别》（GB 5085.3—2007）、《危险废物鉴别标准　急性毒性初筛》（GB 5085.2—2007）、《危险废物鉴别标准　腐蚀性鉴别》（GB 5085.1—2007）等 7 个标准。

在危险废物鉴别方法方面，我国已出台 18 个标准。其中，《固体废物　浸出毒性浸出方法　翻转法》（GB 5086.1—1997）和《固体废物　浸出毒性浸出方法　水平振荡法》（HJ 557—2010）为浸出毒性鉴别标准中各项污染物浸出液制备的浸出方法标准；《固体废物　总汞的测定　冷原子吸收分光光度法》（GB/T 15555.1—1995）、《固体废物　铜、锌、铅、镉的测定　原子吸收分光光度法》（GB/T 15555.2—1995）（废止）、《固体废物　砷的测定　二乙基二硫代氨基甲酸银分光光度法》（GB/T 15555.3—1995）、《固体废物　六价铬的测定　二苯碳酰二肼分光光度法》（GB/T 15555.4—1995）、《固体废物　总铬的测定　二苯碳酰二肼分光光度法》（GB/T 15555.5—1995）、《固体废物　总铬的测定　直接吸入火焰原子吸收分光光度法》（GB/T 15555.6—1995）（废止）、《固体废物　六价铬的测定　硫酸亚铁铵滴定法》（GB/T 15555.7—1995）、《固体废物　总铬的测定　硫酸亚铁铵滴定法》（GB/T 15555.8—1995）、《固体废物　镍的测定　直接吸入火焰原子吸收分光光度法》（GB/T 15555.9—1995）（废止）、《固体废物　镍的测定　丁二酮肟分光光度法》（GB/T 15555.10—1995）、《固体废物　氟化物的测定　离子选择性电极法》（GB/T 15555.11—1995）、《水质　氰化物的测定　第一部分：总氰化物的测定》（GB 7486—1987）、《水质　钡的测定　电位滴定法》（GB/T 14671—1993）和《水质　烷基汞的测定　气相色谱法》（GB/T 14204—1993）共计 14 项标准为浸出毒性鉴别标准中化学物质检测方法；《固体废物　腐蚀性测定　玻璃电极法》（GB/T 15555.12—1995）为测定固体废物腐蚀性的玻璃电极法方法标准；《危险废物鉴别技术规范》（HJ 298—2019）是规范鉴别技术方法的基本准则，规定了样品采集、制样、样品的保存和预处理、样品的检测、检测结果判断等的技术要求。

在危险废物鉴别单位方面，《关于加强险废物鉴别工作的通知》（环办固体函〔2021〕419号）明确危险废物鉴别单位应当满足以下要求：一是基本要求，包括能够依法独立承担法律责任，对危险废物鉴别报告的真实性、规范性和准确性负责；二是专业技术能力要求，包括配备一定数量全职专业技术人员，设置专业技术负责人等；三是检验检测能力要求，包括取得检验检测机构资质认定资质等；四是组织与管理要求，包括具有完善的组织结构和管理制度，按要求编制鉴别方案和鉴别报告等；五是工作场所要求，包括具备固定的工作场所等；六是档案管理要求，包括健全档案管理制度，建立鉴别报告完整档案等[6]。

91. 危险废物规范化环境管理评估的目的是什么？如何深化危险废物规范化环境管理评估？

开展危险废物规范化环境管理评估，主要目的是根据《固废法》等法律法规建立评估指标体系，通过对地方生态环境部门和危险废物相关单位开展评估，推动地方政府和相关部门落实监管责任，督促危险废物相关单位落实法律制度。自"十一五"起，生态环境部持续组织开展规范化评估。2021年9月，生态环境部印发《"十四五"全国危险废物规范化环境管理评估工作方案》，结合2020年新修订的《固废法》和国务院印发的《强化危险废物监管和利用处置能力改革实施方案》等要求，改进优化评估方式，补充完善评估指标，进一步突出评估重点。

为深化危险废物规范化环境管理评估，针对《"十四五"全国危险废物规范化环境管理评估工作方案》实施过程中发现的问题，生态环境部印发《关于进一步加强危险废物规范化环境管理有关工作的通知》，提出以下要求：一是建立常态化评估机制。通过规范化评估强化危险废物环境风险隐患排查治理。按照"突出重点、覆盖全面"原则，确保评估范围覆盖全面。结合实际细化评估指标，强化评估危险废物相关管理制度落实情况。二是完善评估体系。鼓励通过定期发布危险废物利用处置能力建设引导性公告等方式落实强化危险废物监管和利用处置能力改革任务，推动清理违规设置行政壁垒限制危险废物合理转移等不合理、不合法政策规定。生态环境部将加强规范化评估抽查，并将上述情形分别纳入"加分项"和"扣分项"评估。三是建立指导帮扶机制。指导帮扶相关单位整治规范化评估发现的危险废物环境风险隐患。建立规范化评估"一企一档"，记录评估情况、问题清单和整改台账等。鼓励危险废物相关单位开展自行评估。四是强化评估结果应用。将规范化环境管理水平高的危险废物相关单位优先纳入相关改革举措先行先试范围。将评估中发现的涉嫌环境违法问题与环境执法相衔接，涉嫌安全隐患线索及时移交应急管理等部门。

92. 国家对开展小微企业危险废物收集试点做了哪些要求？

小微企业主要是指危险废物产生量相对较小的企业，还包括机动车维修点、科研机构和学校实验室等社会源。小微企业危险废物产生量少，但种类杂、点多面广，如不及时收集处理将存在较大环境风险隐患。

为做好小微企业危险废物收集试点工作，生态环境部于2022年印发《关于开展小微企业危险废物收集试点的通知》（环办固体函〔2022〕66号），提出以下7个方面要求：一是充分认识试点重要意义，把开展试点作为支持小微企业发展的一项具体环保举措。二是因地制宜，统筹考虑辖区内小微企业分布情况及危险废物收集能力，合理确定收集单位。三是按照高标准、可持续的原则，严格收集单位的审查。四是明确收集单位责任，指导收集单位落实危险废物相关环境保护法律法规和标准要求，及时收集危险废物，并转运至利用处置单位。五是强化对收集单位危险废物收集、贮存、转移等过程的环境监管。六是加强对收集单位的培训、技术帮扶，并加强与其他部门的协调沟通。七是做好收集试点的宣传，鼓励公众监督。为巩固提升试点工作成效，2023年，生态环境部印发《关于继续开展小微企业危险废物收集试点工作的通知》（环办固体函〔2023〕366号），继续开展小微企业危险废物收集试点工作，试点时间延长至 2025 年 12 月 31 日。

93. 什么是危险废物豁免管理制度？

《固废法》第七十五条第二款规定，国务院生态环境主管部门根据危险废物的危害特性和产生数量，科学评估其环境风险，实施分级分类管理。危险废物实施豁免管理，是实现分级分类管理的一个重要措施。

《国家危险废物名录（2021 年版）》第三条规定，列入该名录附录《危险废物豁免管理清单》中的危险废物，在所列的豁免环节，且满足相应的豁免条件时，可以按照豁免内容的规定实行豁免管理。因此，列入《国家危险废物名录（2021 年版）》的，一定属于危险废物，但是不一定按照危险废物进行管理，列入该名录附录《危险废物豁免管理清单》中的危险废物，在所列的豁免环节，且满足相应的豁免条件时，可以按照豁免内容的规定实行豁免管理。《危险废物豁免管理清单》中的固体废物仍属于危险废物，在某些特定条件下免于危险废物管理要求这并不改变其危险废物的属性。

列入《危险废物豁免管理清单》的危险废物，只有在特定的环节、符合特定的条件，才可以免除其一定的危险废物管理要求。《危险废物豁免管理清单》仅豁免了危险废物在特定环节的部分管理要求，在豁免环节的前后环节，仍应按照危险废物进行管理；且在豁免环节内，可以豁免的内容也仅限于满足所列条件下列明的内容，其他危险废物或者不满足豁免条件的此类危险废物的管理仍须执行危险废物管理的要求。

94. 什么是危险废物"点对点"定向利用豁免管理？

豁免管理制度在《国家危险废物名录（2016 年版）》中首次提出后，对促进危险废物利用发挥了积极作用。但危险废物种类繁多，利用方式多样，难以逐一作出规定，需要各地结合实际实行更灵活的利用豁免管理，进一步推动危险废物利用。因此，《国家危险废物名录（2021 年版）》特别提出：未列入《危险废物豁免管理清单》中的危险废物或利用过程不满足《危险废物豁免管理清单》所列豁免条件的危险废物，在环境风险可控的前提下，根据省级生态环境部门确定的方案，实行危险废物"点对点"定向利用。即一家单位产生的一种危险废物，可作为另外一家单位环境治理或工业原料生产的替代原料进行使用。利用过程不按危险废物管理。2019 年，生态环境部印发实施《关于提升危险废物环境监管能力、利用处置能力和环境风险防范能力的指导意见》后，山东、江苏等地已经探索开展了危险废物"点对点"定向利用豁免管理相关工作。

95. 什么是危险废物排除清单?

为建立危险废物排除管理制度，进一步健全危险废物分级分类管理体系，生态环境部印发《危险废物排除管理清单（2021 年版）》（生态环境部公告 2021 年第 66 号），将废弃水基钻井泥浆及岩屑等 6 种固体废物纳入其中。《危险废物排除管理清单（2021 年版）》的制定和后续动态调整均以下列范围的固体废物为重点研究对象：一是《国家危险废物名录》修订过程中直接删除或在《国家危险废物名录》中以"不包括……"方式注明的，但不能直接判定其不再属于危险废物的固体废物；二是危险废物利用处置后需要进一步明确属性的衍生固体废物；三是相关科研机构已开展系统的行业调查研究和环境风险评估的固体废物；四是各地管理尺度不一，但现有鉴别案例表明普遍不具有危险特性的固体废物。

96. 什么是危险废物转移就近原则?

《固废法》第八十二条规定，转移危险废物的，应当按照国家有关规定填写、运行危险废物电子或者纸质转移联单。跨省、自治区、直辖市转移危险废物的，应当向危险废物移出地省、自治区、直辖市人民政府生态环境主管部门申请。转出地省、自治区、直辖市人民政府生态环境主管部门应当及时商经接受地省、自治区、直辖市人民政府生态环境主管部门同意后，在规定期限内批准转移该危险废物，并将批准信息通报相关省、自治区、直辖市人民政府生态环境主管部门和交通运输主管部门。未经批准的，不得转移。危险废物转移管理应当全程管控、提高效率，具体办法由国务院生态环境主管部门会同国务院交通运输主管部门和公安部门制定。

《危险废物转移管理办法》（生态环境部、公安部、交通运输部 2021 年部令第 23 号）第三条规定，危险废物转移应当遵循就近原则。跨省、自治区、直辖市转移处置危险废物的，应当以转移至相邻或者开展区域合作的省、自治区、直辖市的危险废物处置设施，以及全国统筹布局的危险废物处置设施为主。

97. 什么是危险废物跨省转移"白名单"制度？

《固废法》第八十二条第二款规定，跨省、自治区、直辖市转移危险废物的，应当向危险废物移出地省、自治区、直辖市人民政府生态环境主管部门申请。根据该条规定，只有危险废物跨省转移需要得到省级生态环境主管部门的批准，省内转移危险废物无须许可，执行危险废物转移联单制度即可。

《关于提升危险废物环境监管能力、利用处置能力和环境风险防范能力的指导意见》（环固体〔2019〕92 号）明确提出，鼓励以"白名单"方式对危险废物跨省转移审批实行简化许可。

重庆市在全国率先开展全域"无废城市"建设，首创危险废物跨省转移"白名单"制度，对川渝"白名单"范围内危险废物跨省转移直接予以审批。安徽省生态环境厅发布《安徽省生态环境厅关于发布安徽省 2022 年度危险废物跨省转移"白名单"企业的公告》，将全省 7 家企业（满足清洁生产水平高、近 3 年内未受到生态环境保护相关的行政处罚、危险废物规范化管理考核达标等条件及其经营的 4 类危险废物、满足环境影响小、环境风险可控、易综合利用的条件的企业）纳入跨省转移"白名单"。

98. 什么是废铅蓄电池跨省转移管理试点？

为加强废铅蓄电池污染防治，促进产业结构优化升级，推动废铅蓄电池跨省、自治区、直辖市转移（以下简称跨省转移）便捷化，生态环境部印发《关于开展优化废铅蓄电池跨省转移管理试点工作的通知》（环办固体函〔2023〕387 号），在全国范围开展优化废铅蓄电池跨省转移管理试点工作。

本次试点针对废铅蓄电池跨省转移管理主要采取了两项优化措施：一是优化了废铅蓄电池的危险废物跨省转移审批手续。向试点单位跨省转移废铅蓄电池的，可以直接在全国固体废物管理信息系统填写运行危险废物转移联单并实施废铅蓄电池跨省转移，无须办理危险废物跨省转移审批手续。二是优化了废铅蓄电池的危险废物跨省转移联单运行功能。向试点单位跨省转移废铅蓄电池的，可以直接在全国固体废物管理信息系统填写运行危险废物跨省转移联单，无须经由移出地、接受地省级生态环境部门在全国固体废物管理信息系统确认。需要说明的是，向未列入试点单位清单的再生铅企业跨省转移废铅蓄电池的，仍需依法办理危险废物跨省转移审批手续。

99. 生活垃圾焚烧飞灰处置方式有哪些？

近年来，我国生活垃圾焚烧产业快速发展，焚烧处理量逐年增加，同时产生了大量富集重金属和二噁英类污染物的生活垃圾焚烧飞灰（以下简称飞灰）。目前，飞灰主要以填埋方式进行处置，资源化利用发展较滞后；飞灰填埋存在不达标、不规范等问题，环境隐患较为突出。为规范飞灰的处理处置，推动飞灰资源化利用，提高飞灰处理处置技术水平，规范和指导飞灰的环境管理，生态环境部制定了《生活垃圾焚烧飞灰污染控制技术规范（试行）》（HJ 1134—2020）。

　　根据该技术规范，飞灰处理工艺包括水洗、固化/稳定化、成型化、低温热分解、高温烧结、高温熔融等。低温热分解是将飞灰在缺氧或无氧气氛下，通过低于 500℃的低温热分解反应，将其中的二噁英类脱氯解毒的过程。高温烧结是将飞灰或其处理产物与其他硅铝质组分、助熔剂进行混合后，通过高温使其部分熔融，冷却后形成烧结体产物的过程。高温熔融是将飞灰或其处理产物与其他硅铝质组分、助熔剂进行混合后，通过高温使其完全熔融，再经过水淬等急冷处理，形成致密玻璃体产物的过程。该技术规范中对飞灰处理产物用于水泥熟料生产之外的其他利用方式从以下几方面分别提出了污染控制要求：一是控制污染物含量，提出飞灰处理产物中的二噁英类含量、重金属浸出浓度限值要求；二是控制可溶性氯含量，减少对利用产品性能的影响及利用过程的盐分渗出；三是控制利用过程的污染，要求利用过程的污染防治符合《固体废物再生利用污染防治技术导则》的要求。

七

保障篇

100. 如何编制固体废物管理责任清单？

编制固体废物管理责任清单是"无废城市"建设的重要任务之一。《工作方案》明确要求建立部门责任清单，进一步明确各类固体废物产生、收集、贮存、运输、利用、处置等环节的部门职责边界。

责任清单的主要内容应包括一般工业固体废物、生活垃圾、建筑垃圾、农业固体废物、危险废物等各类固体废物产生、收集、贮存、运输、利用、处置等环节的部门职责边界，明确责任主体、责任事项、实施依据等。

责任清单编制应当坚持职责法定原则，以国家和地方固体废物污染防治相关法律法规规章，党中央、国务院和地方相关重要文件，部门"三定"规定、权责清单，以及生态环境保护责任清单等为依据。编制过程中，可依据"无废城市"建设实施方案的主要任务和相关政策文件明确的事项对责任主体和责任事项进行确定。对于部门间的职责交叉事项，按照一件事情由一个部门负责的原则予以理顺。对于确需多个部门负责的事项，要明确牵头部门，分清主次责任。清单的形式没有固定要求，一般按照固废类别或流动环节进行划分。

101. 如何编制固体废物清单？

编制固体废物清单是开展"无废城市"建设的基础性工作。废物清单内容应当涵盖一般工业固体废物、生活垃圾、建筑垃圾、农业固体废物、危险废物等各类固体废物的种类、分布、产生量、贮存量、利用量、处置量，以及利用处置的方式、设施分布、处理能力等信息。其中"固体废物种类"应当与《固体废物分类与代码目录》《危险废物分类与代码目录》保持一致。"产生量、贮存量、利用量、处置量"等数据来源主要为生态环境统计数据、城市和村镇建设统计数据、专项调查数据、信息化平台数据等。相关数据存在较大出入的，应当结合当地经济、人口、产业发展等实际情况进行校核，保证数据的准确性。固体废物清单应当定期更新，一般每年至少更新一次。清单的形式没有固定要求，一般根据固体废物的种类和流向，通过表格或废物流图的形式展示。

102. 固体废物污染防治信息发布和公开要求是什么？

《固废法》第二十九条第一款规定，设区的市级人民政府生态环境主管部门应当会同住房城乡建设、农业农村、卫生健康等主管部门，定期向社会发布固体废物的种类、产生量、处置能力、利用处置状况等信息。2024年2月，生态环境部印发《固体废物污染环境防治信息发布指南》（环办固体函〔2024〕37号），明确了信息发布的周期、时间、形式等要求和主要种类固体废物信息发布的具体内容。

固体废物污染环境防治信息宜于每年6月5日前发布，可采取公告的形式，通过当地政府网站向社会发布。发布内容包括一般工业固体废物、危险废物、生活垃圾、建筑垃圾、农业固体废物、城镇污水厂污泥、再生资源等七大类别固体废物的种类、产生量、利用量、处置量等信息。

103. 什么是企业环境治理责任制度？

企业环境治理责任制度是指规范企业在从事生产经营活动中依法承担污染防治、生态保护以及信息公开等环境责任和环境行为的制度体系，具体包括排污许可、达标排放、清洁生产、深度减排、绿色发展、排放标准、企业自律、执法监管、损害赔偿、信息公开、信用评价、社会监督等一系列具体管理制度、法规政策、技术标准等。

104. 国家发布的涉及固体废物的技术装备目录有哪些?

目前,国家发布的涉及固体废物处理的技术装备目录主要有《国家工业资源综合利用先进适用工艺技术设备目录》《国家先进污染防治技术目录(固体废物和土壤污染防治领域)》《国家重点推广的低碳技术目录》《国家清洁生产先进技术目录》《国家绿色低碳先进技术成果目录》等。

《国家工业资源综合利用先进适用工艺技术设备目录》是由工业和信息化部主导征集发布的,最新的 2023 年版《目录》涵盖了工业固体废物减量化、工业固体废物综合利用、再生资源回收利用、再制造等 4 个领域的共计 88 项工业技术设备。

《国家先进污染防治技术目录(固体废物和土壤污染防治领域)》是由生态环境部主导征集发布的,最新的 2023 年版《目录》发布了 19 项固体废物污染防治技术,涉及工业固体废物、农业有机固体废物、废电子电器产品、废弃风电叶片、废旧锂电池、市政污泥、危险废物等。

《国家重点推广的低碳技术目录》是由生态环境部主导征集发布的,最新的第四批《目录》包括 1 项固体废物相关技术,即生活垃圾生态化前处理和水泥窑协同后处置技术。

《国家清洁生产先进技术目录》是由生态环境部主导征集发布的,最新的 2022 年版《目录》包括 3 项固体废物相关技术,涉及冶炼、化工等行业重金属危险废物,造纸有机废弃物,农林废弃物。

《国家绿色低碳先进技术成果目录》是由科学技术部主导征集发布的,最新的目录包括 23 项固体废物处理处置及资源化技术,涉及有机固体废物、生活垃圾、危险废物、大宗工业固体废物、电子废物等。

105. 开展历史遗留固体废物排查常用的手段有哪些?

开展历史遗留固体废物排查常用的手段有卫星遥感、无人机巡航和人员现场探勘。"无废城市"建设试点期间，雄安新区开展为期 100 天的"走遍雄安"活动，组织 600 余个工作小队，针对农村垃圾、历史遗留工业固废等问题进行全域彻底排查，累计排查整治 109 处非正规垃圾堆放点，清运垃圾 344.5 万立方米，完成 76 个点位的 71.5 万立方米的铝灰、钢渣清运处置。浙江省综合利用高分辨率卫星遥感、人工智能、无人机航测等手段，按网格划分任务，全面覆盖重点区域，实现由卫星遥感排查到无人机核查再到现场调查取证的"空天地"一体化协同监测模式，全面提升固体废物遥感排查的覆盖率和准确率。根据排查结果建立电子档案并形成排查清单，再通过现场核查、无人机航拍等方式确定整改清单，并对整改问题进行追踪调查，形成露天固体废物快速发现、核实查证、整改落实、定期"回头看"的全过程闭环监管模式。

106. 什么是资源综合利用和服务增值税优惠政策？

纳税人销售自产的资源综合利用产品和提供资源综合利用劳务，可享受增值税即征即退政策。具体综合利用的资源名称、综合利用产品和劳务名称、技术标准和相关条件、退税比例等按照《资源综合利用产品和劳务增值税优惠目录》的相关规定执行。

根据 2021 年 12 月财政部、税务总局发布的《关于完善资源综合利用增值税政策的公告》，纳税人销售自产的资源综合利用产品和提供资源综合利用劳务，符合公告及其所附的《资源综合利用产品和劳务增值税优惠目录（2022 年版）》有关规定的，可享受 30%～100% 比例的退税。

《资源综合利用产品和劳务增值税优惠目录（2022 年版）》包括了五大类 45 种资源综合利用产品和劳务，基本涵盖了主要固体废物种类和利用方式。如建筑垃圾、煤矸石生产建设用再生骨料、道路材料等，符合条件的可以享受 50% 比例的退税；废塑料、废的塑料复合材料生产改性再生塑料，符合条件的可享受 70% 比例的退税。

107. 什么是资源综合利用企业所得税优惠政策?

《中华人民共和国企业所得税法》第三十三条规定,企业综合利用资源,生产符合国家产业政策规定的产品所取得的收入,可以在计算应纳税所得额时减计收入。《中华人民共和国企业所得税法实施条例》第九十九条规定,企业所得税法第三十三条所称减计收入,是指企业以《资源综合利用企业所得税优惠目录》规定的资源作为主要原材料,生产国家非限制和禁止并符合国家和行业相关标准的产品取得的收入,减按90%计入收入总额。

《资源综合利用企业所得税优惠目录(2021年版)》中明确了可以享受企业所得税优惠的3类19种项目。其中涉及的固体废物种类主要有煤矸石、煤泥、化工废渣、粉煤灰、尾矿、废石、冶炼渣(钢铁渣、有色冶炼渣、赤泥等)、工业副产石膏、港口航道的疏浚物、江河(渠)道的淤泥淤沙等、建筑垃圾、生活垃圾焚烧炉渣,社会回收的废金属(废钢铁、废铜、废铝等),化工、纺织、造纸工业废液及废渣,城镇污水污泥,废弃电器电子产品、废旧电池、废感光材料、废灯泡(管)、废旧太阳能光伏板、风电机组,废塑料,废旧轮胎、废橡胶,废弃天然纤维、化学纤维、多种废弃纤维混合物及其制品、废弃聚酯瓶及瓶片,农作物秸秆及壳皮(粮食作物秸秆、粮食壳皮、玉米芯等)、林业三剩物、次小薪材、蔗渣、糠醛渣、菌糠、酒糟、粗糠、中药渣、废旧家具、畜禽养殖废弃物、畜禽屠宰废弃物、农产品加工有机废弃物,废生物质油、废弃润滑油,废玻璃、废玻璃纤维,废旧汽车、废旧办公设备、废旧工业装备、废旧机电设备,厨余垃圾,铸造废砂,废纸。

此外,《中华人民共和国企业所得税法实施条例》第八十八条规定,企业从事符合条件的环境保护、节能节水项目的所得,自项目取得第一笔生产经营收入所属纳税年度起,第一年至第三年免征企业所得税,第四年至第六年减半征收企业所得税。

《环境保护、节能节水项目企业所得税优惠目录(2021年版)》明确了可以享受企业所得税优惠的 3 类固体废物相关项目：一是对城镇和农村生活垃圾（含厨余垃圾）进行减量化、资源化、无害化处理的项目，涉及生活垃圾分类收集、贮存、运输、处理、处置项目（对原生生活垃圾进行填埋处理的除外）。二是对工业固体废物（含建筑垃圾）减量化、资源化、无害化处理的项目，涉及收集、贮存、运输、利用、处置等环节（直接进行贮存、填埋处置的除外）。三是对危险废物（含医疗废物）减量化、资源化、无害化处理的项目，涉及收集、贮存、运输、利用、处置等环节（直接进行贮存、填埋处置的除外）。

108. 什么是再生资源回收"反向开票"？

一般情况下，由销售方（收款方）向购买方（付款方）开具发票，即常见的"正向开票"。所谓"反向开票"，即发票的开具流程与常规流程相反，由购买方（付款方）向销售方（收款方）开具发票。

"反向开票"并不是一个新事物。《中华人民共和国发票管理办法》第十八条规定，销售商品、提供服务以及从事其他经营活动的单位和个人，对外发生经营业务收取款项，收款方应当向付款方开具发票；特殊情况下，由付款方向收款方开具发票。此前已有三种情形可以适用"反向开票"，即收购单位向农业生产者个人购进自产农产品、已备案汽车销售企业从自然人处购进二手车、国家电网公司所属企业从分布式光伏发电项目发电户处购买电力产品。

2024 年 3 月，国务院印发的《行动方案》提出，推广资源回收企业向自然人报废产品出售者"反向开票"做法。2024 年 4 月，国家税务总局印发《关于资源回收企业向自然人报废产品出售者"反向开票"有关事项的公告》（以下简称《公告》），进一步明确资源回收企业向自然人报废产品出售者"反向开票"的具体措施和操作办法。根据《公告》，自 2024 年 4 月 29 日起，自然人报废产品出售者向资源回收企业销售报废产品，符合条件的资源回收企业可以向出售者开具发票。"反向开票"的开票方为资源回收企业，既包括单位，也包括个体工商户，必须具备从事相关回收行业的资质，同时还需要实际从事资源回收业务。受票方为自然人报废产品出售者，既包括销售自己使用过的报废产品的自然人，也包括销售收购的报废产品的自然人。自然人销售报废产品连续 12 个月"反向开票"累计销售额超过 500 万元的，资源回收企业不得再向其"反向开票"。资源回收企业应当引导持续从事报废产品出售业务的自然人依法办理经营主体登记，按照规定自行开具发票。自然人报废产品出售者通过"反向开票"销售报废产品，享受小规模纳税人月销售额 10 万元以下免征增值税和 3% 征收率减按 1% 计算缴纳增值税等税费优惠政策。

109. 什么是环境污染责任保险？

《固废法》第九十九条规定，收集、贮存、运输、利用、处置危险废物的单位，应当按照国家有关规定，投保环境污染责任保险。

环境污染责任保险是以企业发生污染事故对第三者造成的损害依法应承担的赔偿责任为标的的保险。国家环境保护总局和中国保险监督管理委员会于 2007 年联合印发《关于环境污染责任保险工作的指导意见》（环发〔2007〕189 号），启动了环境污染责任保险政策试点。2013 年，环境保护部和保监会联合印发《关于开展环境污染强制责任保险试点工作的指导意见》（环发〔2013〕10 号），明确在涉重金属企业、按地方有关规定已被纳入投保范围的企业、其他高环境风险企业开展环境污染强制责任保险试点。

据不完全统计，目前已有 35 件省级地方性法规、20 件市地级地方性法规规定，一定区域或者行业领域内的高风险企业应当按照国家有关规定投保，或者规定鼓励企业投保环境责任保险。

110. 什么是政府绿色采购？

关于政府绿色采购，目前没有统一的定义。根据商务部等部门印发的《企业绿色采购指南（试行）》关于企业绿色采购的定义，可以衍生出政府绿色采购是指政府在采购活动中，推广绿色低碳理念，充分考虑环境保护、资源节约、安全健康、循环低碳和回收促进，优先采购和使用节能、节水、节材等有利于环境保护的原材料、产品和服务的行为。

财政部自 2004 年起实施政府绿色采购政策，建立了对节能、节水、环境标准产品的政府采购目录，积极推动政府机关、事业单位和团体组织采购包括可回收再利用产品在内的各类绿色产品。2020 年，财政部等部门印发《商品包装政府采购需求标准（试行）》和《快递包装政府采购需求标准（试行）》，要求推广使用绿色包装。2021 年，财政部会同住房和城乡建设部在南京、杭州、绍兴、湖州、青岛、佛山等 6 个城市开展政府采购支持绿色建材促进建筑品质提升试点，并于 2022 年扩大到 48 个市（市辖区），要求在政府采购工程中推广绿色建材产品，带动建材和建筑行业绿色低碳发展。2021 年发布的《国务院关于加快建立健全绿色低碳循环发展经济体系的指导意见》明确指出，要"加大政府绿色采购力度，扩大绿色产品采购范围，逐步将绿色采购制度扩展至国有企业"。2024 年印发的《行动方案》提出，进一步完善政府绿色采购政策，加大绿色产品采购力度。

111. 什么是绿色金融？

《固废法》第九十七条规定，国家发展绿色金融，鼓励金融机构加大对固体废物污染环境防治项目的信贷投放。

根据《关于构建绿色金融体系的指导意见》（银发〔2016〕228 号），绿色金融是指为支持环境改善、应对气候变化和资源节约高效利用，对环保、节能、清洁能源、绿色交通、绿色建筑等领域的项目投融资、项目运营、风险管理等所提供的金融服务。绿色金融体系是指通过绿色信贷、绿色债券、绿色股票指数和相关产品、绿色发展基金、绿色保险、碳金融等金融工具和相关政策支持经济向绿色化转型的制度安排。其中，绿色债券是指将募集资金专门用于支持符合规定条件的绿色产业、绿色项目或绿色经济活动，依照法定程序发行并按约定还本付息的有价证券，包括但不限于绿色金融债券、绿色企业债券、绿色公司债券、绿色债务融资工具和绿色资产支持证券。绿色保险是指保险业在环境资源保护与社会治理、绿色产业运行和绿色生活消费等方面提供风险保障和资金支持等经济行为的统称。

目前，我国已经形成以绿色贷款和绿色债券为主、多种绿色金融工具蓬勃发展的多层次绿色金融市场体系。根据中国人民银行数据，截至 2023 年年末，我国本外币绿色贷款余额 30.08 万亿元，同比增长 36.5%，高于各项贷款增速 26.4 个百分点。

112. 绿色债券在固体废物领域有哪些应用？

根据《中国人民银行发展改革委证监会关于印发〈绿色债券支持项目目录（2021 年版）〉的通知》，绿色债券是指将募集资金专门用于支持符合规定条件的绿色产业、绿色项目或绿色经济活动，依照法定程序发行并按约定还本付息的有价证券，包括但不限于绿色金融债券、绿色企业债券、绿色公司债券、绿色债务融资工具和绿色资产支持证券。

《绿色债券支持项目目录（2021 年版）》支持的固体废物相关项目主要包括固体废物处理处置装备制造、矿产资源综合利用、废旧资源再生利用、汽车零部件及机电产品再制造、城乡生活垃圾综合利用、农业废弃物资源化利用、城镇污水处理厂污泥综合利用、危险废物处理处置、畜禽养殖废弃物污染治理、废弃农膜回收利用、工业固体废弃物无害化处理处置及综合利用、包装废弃物回收处理、生活垃圾处理设施建设和运营、污泥处置设施建设运营和改造等。

113. 什么是气候投融资？在固体废物领域有哪些应用？

根据《关于促进应对气候变化投融资的指导意见》（环气候〔2020〕57 号），气候投融资是指为实现国家自主贡献目标和低碳发展目标，引导和促进更多资金投向应对气候变化领域的投资和融资活动，是绿色金融的重要组成部分。支持范围包括减缓和适应两个方面：①减缓气候变化。包括调整产业结构，积极发展战略性新兴产业；优化能源结构，大力发展非化石能源；开展碳捕集、利用与封存试点示范；控制工业、农业、废弃物处理等非能源活动温室气体排放；增加森林、草原及其他碳汇等。②适应气候变化。包括提高农业、水资源、林业和生态系统、海洋、气象、防灾减灾救灾等重点领域适应能力；加强适应基础能力建设，加快基础设施建设、提高科技能力等。

2022 年 8 月，生态环境部、国家发展改革委、工业和信息化部等 9 部委联合发布了《关于公布气候投融资试点名单的通知》，北京市密云区等 23 个城市和地区入选气候投融资试点名单。

根据生态环境部印发的《气候投融资试点地方气候投融资项目入库参考标准》，农村固体废弃物处置及收集利用、城市和工业固体废弃物处理及收集利用、污泥处理处置设施建设运营等项目属于气候投融资项目入库范围。

114. 什么是 EOD 模式？

根据生态环境部印发的《生态环境导向的开发（EOD）项目实施导则（试行）》，EOD 模式是指以习近平生态文明思想为引领，通过产业链延伸、组合开发、联合经营等方式，推动公益性较强的生态环境治理与收益较好的关联产业有效融合、增值反哺、统筹推进、市场化运作、一体化实施、可持续运营，以生态环境治理提升关联产业经营收益，以产业增值收益反哺生态环境治理投入，实现生态环境治理外部经济性内部化的创新性项目组织实施方式，是践行"绿水青山就是金山银山"理念的项目实践，有利于积极稳妥推进生态产品经营开发，推动生态产品价值有效实现。

EOD 模式具有明确的特征标准和严格的适用条件：一是生态为基，提质增效。识别实施紧迫性强、生态环境效益高的公益性生态环境问题，并确保项目实施后生态环境质量明显改善并持续向好。二是深度融合，互为条件。生态环境治理与产业开发之间须密切关联，深度融合。生态环境改善能够有效提升关联产业开发品质和价值，两者相互促进、互为条件、彼此受益。三是增值反哺，项目平衡。EOD 项目通过关联产业增值收益平衡生态环境治理投入，在项目层面实现产业发展增值反哺生态环境治理，不依靠政府资金投入即可达到项目资金自平衡。四是市场运作，一体实施。按照"谁保护、谁受益"和"自主决策、自负盈亏"的原则，生态环境治理与关联产业开发作为整体项目由一个市场主体一体化实施，投资和收益主体一致。截至 2023 年年底，已有 83 个 EOD 项目获得金融机构支持，授信金额 2 012 亿元，发放贷款 576 亿元。

115. 什么是国家绿色发展基金？

国家绿色发展基金是经国务院批准，由财政部、生态环境部、上海市人民政府三方发起成立的绿色发展领域的国家级政府投资基金，旨在健全多元化生态环境保护投入渠道，利用市场机制支持生态文明和绿色发展，推动美丽中国建设。

基金于 2020 年 7 月 15 日在上海市揭牌成立。基金总规模达 885 亿元，由财政部、长江经济带沿线 11 个省（市）、金融机构、国有企业及民营企业共同出资成立，其中财政部出资 100 亿元，占比 11.3%，为第一大股东。基金在首期存续期间主要投向长江经济带沿线 11 个省（市），同时适当投向其他区域，重点投向环境保护和污染防治、生态修复和国土空间绿化、能源资源节约利用、绿色交通、清洁能源等绿色发展领域。

116. 什么是基础设施领域不动产投资信托基金（REITs）？在固体废物领域支持哪些项目？

不动产投资信托基金（REITs）是一种以发行收益凭证的方式募集特定投资者的资金，由专门投资机构进行投资经营管理，并将投资综合收益按比例分配给投资者的一种信托基金制度。基础设施 REITs 是国际通行的配置资产，具有流动性较高、收益相对稳定、安全性较强等特点，能有效盘活存量资产，填补当前金融产品空白，拓宽社会资本投资渠道，提升直接融资比重，增强资本市场服务实体经济质效。

2020 年，中国证监会和国家发展改革委联合发布《关于推进基础设施领域不动产投资信托基金（REITs）试点相关工作的通知》，将城镇污水垃圾处理及资源化利用，固体废物、危险废物、医疗废物处理，大宗固体废弃物综合利用项目作为优先支持的七大领域之一。截至 2024 年 7 月，国家发展改革委已向中国证监会推荐 67 个项目（含扩募项目），其中 44 个项目发行上市，共发售基金 1 285 亿元，用于新增投资的净回收资金超过 510 亿元，可带动新项目总投资超过 6 400 亿元。据统计，上市基础设施 REITs 项目已累计向投资者分红超过 130 亿元。

"中航首钢生物质封闭式基础设施 REITs 项目"是全国首个固体废物处理类 REITs 试点项目，底层资产为首钢生物质项目，包含生活垃圾焚烧项目、餐厨垃圾收运处理一体化项目、残渣暂存场项目 3 个子项目，位于北京市门头沟区鲁家山首钢鲁矿南区。原始权益人为首钢环境，基金管理人为中航基金，资产支持专项计划管理人为中航证券。该项目于 2021 年 6 月 21 日在深圳证券交易所挂牌上市，准予募集份额总额为 1 亿份，发行价格为 13.38 元，实际发售基金总额 13.38 亿元，首钢环境及关联方作为战略投资人认购 5.352 亿元，占发行总金额的 40%，净回收资金约 8 亿元。首钢环境拟将回收资金全部以资本金方式投资于生物质二期及河北永清生活垃圾焚烧发电厂项目。

2024 年 7 月，国家发展改革委印发《关于全面推动基础设施领域不动产投资信托基金（REITs）项目常态化发行的通知》（发改投资〔2024〕1014 号），部署推进基础设施 REITs 常态化发行工作。这是深化投融资体制机制改革和多层次资本市场建设的重要举措，标志着具有中国特色的基础设施 REITs 正式迈入常态化发行的新阶段。

117. 如何理解政府和社会资本合作（PPP）、使用者付费、特许经营等概念之间的关系，以及与 BOT 等实施方式的关系？

PPP（Public-Private-Partnership）直译为公私合作伙伴关系，其中 Public 指公共部门，Private 指私人机构，在我国主要为民营企业和外资企业。政府和社会资本合作（PPP）包括基于使用者付费的特许经营和基于政府付费的私人融资计划（PFI）两种主要类型，而 BOT 及其衍生形式则属于上述两种类型的具体实施方式。根据《关于规范实施政府和社会资本合作新机制的指导意见》，所有基础设施和公用事业领域的政府和社会资本合作项目均须采用基于使用者付费的特许经营模式，具体实施方式主要包括建设—运营—移交（BOT）、转让—运营—移交（TOT）、改建—运营—移交（ROT）、建设—拥有—运营—移交（BOOT）、设计—建设—融资—运营—移交（DBFOT）等。

《基础设施和公用事业特许经营管理办法》第三条、第四条对基础设施和公用事业特许经营外延内涵进行了明确细致的规定。厘清基础设施和公用事业特许经营与政府和社会资本合作（PPP）关系，即基础设施和公用事业特许经营是基于使用者付费的 PPP 模式；进一步强调了基础设施和公用事业特许经营项目的经营者排他性权利、项目产出的公益属性，以及不新设行政许可、不得擅自增设行政许可并借此向特许经营者收费；明确基础设施和公用事业特许经营范围，不包括商业特许经营以及不涉及产权移交环节的公建民营、公办民营等。

实践中应当注意严格区分基础设施和公用事业特许经营、商业特许经营。根据《商业特许经营管理条例》,"商业特许经营"是指拥有注册商标、企业标志、专利、专有技术等经营资源的企业(以下简称特许人),以合同形式将其拥有的经营资源许可其他经营者(以下简称被特许人)使用,被特许人按照合同约定在统一的经营模式下开展经营,并向特许人支付特许经营费用的经营活动。商业特许经营中的特许人只能是企业,政府不得从事商业特许经营活动。政府作为活动参与方的基础设施和公用事业特许经营,主要依托基础设施和公用事业建设运营项目开展,其本质是以项目融资的方式提供公共产品和公共服务,具有明显的公益属性。

118. 碳排放权交易市场与全国温室气体自愿减排交易市场的联系和区别?

全国碳排放权交易市场和全国温室气体自愿减排交易市场是助力实现"双碳"目标的重要政策工具。两个工具都是通过市场机制控制和减少温室气体排放,两者既有区别、独立运行,又有联系、互为补充,共同构成了我国的碳市场体系。通俗来说,碳排放权交易市场是强制性的,自愿减排交易市场是自愿性的。碳排放权交易市场的参与主体目前主要是具有控制温室气体排放法律义务的排放企业,由政府向这些企业分配碳排放配额,并规定企业向政府清缴与其实际排放等量的配额,清缴完之后,配额盈余的企业就可以在市场上通过交易出售获益。配额不足的企业,需要从市场上购买,从而实现激励先进、约束落后的政策导向,降低整个行业乃至全社会的降碳成本。自愿减排交易市场目的是鼓励各类主体自主自愿地采取额外的温室气体减排行动,产生的减排效果经过科学方法量化核证后,通过市场来出售,从而获取相应的减排贡献收益。自愿减排项目需要满足额外性、真实性、唯一性三个条件。其中,额外性是自愿减排交易市场的一个重要特点,体现在可交易的减排量必须是人为活动产生的,而且是为减排作出了额外的努力。

国内外的实践表明，加强固体废物管理对降碳有明显作用。巴塞尔公约亚太区域中心对全球 45 个国家和区域的固体废物管理碳减排潜力相关数据分析显示，通过提升城市、工业、农业和建筑等 4 类固体废物的全过程管理水平，可以实现相应国家碳排放减量的 13.7%~45.2%（平均 27.6%）。但是，由于固体废物相关温室气体自愿减排项目方法学缺失，目前固体废物相关碳减排尚未纳入全国温室气体自愿减排交易市场。

119. 什么是碳普惠？在固体废物领域有哪些应用案例？

碳普惠是指通过市场机制方式对个人的低碳行为进行普惠性质奖励。碳普惠是动员更广泛社会力量参与碳减排的创新实践。目前，我国部分地区已开展碳普惠的试点和创新，引导社会公众参与，形成绿色生活方式。广东省提出碳普惠制，在广州等 6 个城市开展碳普惠制试点，对中小微企业、社会公众的低碳行为通过商业激励、政策激励、交易激励以及公益行动等方式进行鼓励，在碳普惠与低碳交通、绿色建筑、居民节水节电等方面开展了系列有益的探索。在北京、广东等试点碳市场中已探索将碳普惠制实现的减排量纳入碳交易体系。

2020 年，广东省生态环境厅印发《广东省废弃衣物再利用碳普惠方法学（试行）》，该方法学适用于广东省相关企业、供销社或其他社会团体等回收废弃衣物，经过高温、紫外线消毒等方式处理后，作为二手衣物直接销售或捐赠的碳普惠行为。这是广东省首个再生资源类碳普惠项目。

此外，为拓宽碳普惠机制减排量消纳，生态环境部于 2019 年发布的《大型活动碳中和实施指南（试行）》规定，"经省级及以上生态环境主管部门批准、备案或者认可的碳普惠项目产生的减排量"可按照有关程序用以抵消大型活动温室气体排放量。

120. 什么是循环经济助力碳达峰行动?

2021 年 10 月,国务院发布《2030 年前碳达峰行动方案》,部署"碳达峰十大行动",其中"循环经济助力降碳行动"明确指出要抓住资源利用这个源头,大力发展循环经济,全面提高资源利用效率,充分发挥减少资源消耗和降碳的协同作用。明确了循环经济助力降碳的四个重点领域:

一是推进产业园区循环化发展。以提升资源产出率和循环利用率为目标,优化园区空间布局,开展园区循环化改造。推动园区企业循环式生产、产业循环式组合,组织企业实施清洁生产改造,促进废物综合利用、能量梯级利用、水资源循环利用,推进工业余压、余热,废气、废液、废渣资源化利用,积极推广集中供气供热。搭建基础设施和公共服务共享平台,加强园区物质流管理。到 2030 年,省级以上重点产业园区全部实施循环化改造。

二是加强大宗固体废物综合利用。提高矿产资源综合开发利用水平和综合利用率,以煤矸石、粉煤灰、尾矿、共伴生矿、冶炼渣、工业副产石膏、建筑垃圾、农作物秸秆等大宗固体废物为重点,支持大掺量、规模化、高值化利用,鼓励应用于替代原生非金属矿、砂石等资源。在确保安全环保的前提下,探索将磷石膏应用于土壤改良、井下充填、路基修筑等。推动建筑垃圾资源化利用,推广废弃路面材料原地再生利用。加快推进秸秆高值化利用,完善收储运体系,严格禁烧管控。加快大宗固体废物综合利用示范建设。到 2025 年,大宗固体废物年利用量达到 40 亿吨左右;到 2030 年,年利用量达到 45 亿吨左右。

三是健全资源循环利用体系。完善废旧物资回收网络,推行"互联网+"回收模式,实现再生资源应收尽收。加强再生资源综合利用行业规范管理,促进产业集聚发展。高水平建设现代化"城市矿产"基地,推动再生资源规范化、规模化、清洁化利用。推进退役动力电池、光伏组件、风电机组叶片等新兴产业废物循环利用。促进汽车零部件、工程机械、文办设备等再制造产业高质量发展。加强资源再生产品和再制造产品推广应用。到 2025 年,废钢铁、废铜、废铝、废铅、废锌、废纸、废塑料、废橡胶、废玻璃等 9 种主要再生资源循环利用量达到 4.5 亿吨，到 2030 年达到 5.1 亿吨。

四是大力推进生活垃圾减量化资源化。扎实推进生活垃圾分类，加快建立覆盖全社会的生活垃圾收运处置体系，全面实现分类投放、分类收集、分类运输、分类处理。加强塑料污染全链条治理，整治过度包装，推动生活垃圾源头减量。推进生活垃圾焚烧处理，降低填埋比例，探索适合我国厨余垃圾特性的资源化利用技术。推进污水资源化利用。到 2025 年，城市生活垃圾分类体系基本健全，生活垃圾资源化利用比例提升至 60%左右。到 2030 年，城市生活垃圾分类实现全覆盖，生活垃圾资源化利用比例提升至 65%。

121. 什么是碳足迹？

碳足迹通常是指以二氧化碳当量表示的特定对象温室气体排放量和清除量之和，特定对象包括产品、个人、家庭、机构或企业，石油、煤炭等含碳资源消耗越多，二氧化碳排放量越大，碳足迹就越大，反之，碳足迹就越小。产品碳足迹是碳足迹中应用最广的概念，是指产品的整个生命周期，包括从原材料的生产、运输、分销、使用到废弃等流程所产生的碳排放量总和，是衡量生产企业和产品绿色低碳水平的重要指标。例如，塑料袋的生产过程需要消耗大量的石油资源，使用塑料袋会增加碳足迹；太阳能热水器利用太阳能进行加热，不需要使用传统能源，能够减少碳排放，使用太阳能热水器能够减少碳足迹。

为加强碳足迹的管理，2024 年 6 月，生态环境部等 15 部门联合印发《关于建立碳足迹管理体系的实施方案》，提出四方面二十二条重点工作任务。一是建立健全碳足迹管理体系。内容包括发布产品碳足迹核算通则标准，发布重点产品碳足迹核算规则标准，建立完善产品碳足迹因子数据库，建立产品碳标识认证制度，建立产品碳足迹分级管理制度，探索建立碳足迹信息披露制度。二是构建多方参与的碳足迹工作格局。包括强化政策支持与协同，加大金融支持力度，丰富拓展推广应用场景，鼓励地方试点和政策创新，鼓励重点行业企业先行先试。三是推动产品碳足迹规则国际互信。包括积极应对国际涉碳贸易政策，推动产品碳足迹规则国际对接，推动与共建"一带一路"国家产品碳足迹规则交流互认，积极参与国际标准规则制定，加强国际交流与合作。四是持续加强产品碳足迹能力建设。包括加强产品碳足迹核算能力建设，规范产品碳足迹专业服务，加强产品碳足迹人才培养，强化产品碳足迹数据质量，建立产品碳足迹数据质量计量支撑保障体系，加强产品碳足迹数据安全和知识产权保护。

122. 什么是生产者责任延伸制度？在哪些领域有所应用？

生产者责任延伸制度是指将生产者对其产品承担的资源环境责任从生产环节延伸到产品设计、流通消费、回收利用、废物处置等全生命周期的制度，要求生产者通过开展产品生态设计、使用再生原料、保障废弃产品规范回收利用和安全处置、加强信息公开等，落实其全生命周期资源环境责任。

《固废法》第六十六条规定，国家建立电器电子、铅蓄电池、车用动力电池等产品的生产者责任延伸制度。电器电子、铅蓄电池、车用动力电池等产品的生产者应当按照规定以自建或者委托等方式建立与产品销售量相匹配的废旧产品回收体系，并向社会公开，实现有效回收和利用。

参考文献

[1] 郭芳. 深入学习贯彻全国生态环境保护大会精神，扎实推进"无废城市"高质量建设[J]. 环境保护，2023，51（24）：13-17.

[2] 温雪峰，聂志强. 深入学习贯彻全国生态环境保护大会精神加强固体废物治理能力建设[J]. 环境保护，2023，51（18）：12-15.

[3] 陈瑛，滕婧杰，赵娜娜，等."无废城市"试点建设的内涵、目标和建设路径[J]. 环境保护，2019，47（9）：21-25.

[4] 生态环境部固体废物与化学品管理技术中心."无废城市"建设的探索与实践[M]. 北京：中国环境出版集团，2023.

[5] 生态环境部固体废物与化学品司，巴塞尔公约亚太区域中心. 无废城市建设：模式探索与案例[M]. 北京：科学出版社，2021.

[6] 刘国正，罗庆明. 读懂固体废物污染环境防治法[M]. 北京：中国环境出版集团，2023.